软件测试实践教程

——基于IBM测试软件的实验指导

杨军　主编

科学出版社

北　京

内 容 简 介

本教程以IBM的功能测试产品RFT和性能测试产品RPT为实验平台，通过案例的方式指导读者完成自动化测试软件的操作和学习，同时教程对RFT和RPT实现自动化测试的思想和目标也进行了论述。

本实验教程中涉及的每个实验目标明确，步骤清楚，可读性和可操作性强。本教程可作为高等院校软件测试课程对应的实验教材，也适用于希望快速掌握RFT和RPT软件测试工具的软件测试培训学员和软件测试从业者。

图书在版编目（CIP）数据

软件测试实践教程: 基于IBM测试软件的实验指导/杨军主编. ––北京：科学出版社，2014.6
ISBN 978-7-03-040616-3

Ⅰ.①软… Ⅱ.①杨… Ⅲ.①软件—测试—教材

Ⅳ.①TP311.5

中国版本图书馆CIP数据核字(2014)第097440号

责任编辑：杨 岭 朱小刚 / 封面设计：墨创文化
责任校对：华宗琪/责任印刷：余少力

科学出版社 出版

北京东黄城根北街16号
邮政编码：100717
http://www.sciencep.com

成都创新包装印刷厂印刷
科学出版社发行 各地新华书店经销
*

2014年9月第 一 版 开本：787×1092 1/16
2016年1月第二次印刷 印张：9 3/4
字数：240千字

定价：30.00元

《软件测试实践教程》编委会

主　编：杨　军

副主编：徐　勇　廖雪花　刘妍丽

编　委：张　莹　郭　涛　郭　果

　　　　郭荣佐　雷　勇　郑晶翔

　　　　刘永生　章　可　杨　莉

序

在信息技术高速发展的今天，软件占据着越来越重要的地位。如何快速开发出符合用户需求的高质量软件一直是软件工程从业者们探讨的话题。从传统的瀑布模型到迭代化开发，再到敏捷开发及规模化敏捷，人们从来没有停止过有关探讨。

软件测试作为软件工程中极为重要的一环，旨在检验所开发的软件产品是否能够满足用户各方面的需求，包括功能、性能、可靠性、可维护性等。其中，功能和性能测试显得尤为重要，这两种测试保证了软件产品在出厂时应该能够满足用户需求。

市面上关于软件测试的书籍的确不少，但多数以理论教学为主，鲜有操作性强且易于理解和实践的书籍。四川师范大学计算机学院老师们和 IBM Rational 技术专家们经过共同努力，结合 IBM Rational 优秀的功能和性能测试工具，撰写了这本软件实验测试教程。本书理论联系实际，通过动手操作，能够帮助学员迅速掌握功能和性能测试的基本知识，为进一步理解和深化测试技术打下坚实的基础。本教程的出版，将弥补实用型软件测试实验教材不足的空缺。

在此，感谢为出版本教程作出辛勤工作的老师和技术专家们。

IBM Rational 中国区技术总监　孙昕

中国　北京

目　　录

第一章 功能测试环境的搭建

一、基础知识

IBM Rational Functional Tester（简称 RFT）是一款先进的、自动化的功能和回归测试工具，它适用于测试人员和 GUI 开发人员。使用它，测试新手可以简化复杂的测试任务，很快上手；测试专家能够通过选择工业标准化的脚本语言，实现各种高级定制功能。通过 IBM 的最新专利技术，如基于 Wizard 的智能数据驱动的软件测试技术、提高测试脚本重用的 Script Assurance 技术等，可大大提高脚本的易用性和可维护能力。同时，IBM RFT 第一次为测试人员提供了和开发人员同样的操作平台（Eclipse 和 VisualStudio.Net），并通过提供与 IBM Rational 整个测试生命周期软件的完美集成，真正实现了一个平台统一整个软件开发团队的能力。

IBM RFT 的最大特色就是基于开发人员的同一开发平台（Eclipse 和 Visual Studio.Net），为测试人员提供了自动化测试能力。使用 IBM RFT 进行软件测试时，只要在开发人员工作的 Eclipse 或者 Visual Studio.Net 环境中打开 Functional Test 透视图，就会马上拥有专业的自动化功能测试工具所拥有的全部功能。

使用 IBM RFT 工具进行 GUI 应用系统测试时，使用标准 Java 或者 VB.Net 的测试脚本语言，为测试脚本的可重用性和脚本能力提供了第一层保证。此外，通过维护"测试对象图"，IBM RFT 为测试员提供了不用任何编程就可以实现测试脚本在不同的被测系统版本间的重用能力。测试对象图分为两种：一种是公用测试对象图，它可以被项目中的所有测试脚本使用；另一种是私有测试对象图，它只被某一个管理的测试脚本所使用。在软件开发的不同版本间，开发者可能会根据系统需求的变化，修改被测系统和用于构建被测系统的各种对象，所以测试脚本在不同的版本间进行回归测试时经常会失败。因此，通过维护公用测试对象图，测试员可以根据被测应用系统中对象的改变，更新测试对象的属性值及对应权重，这样在不修改测试脚本的前提下，就能使原本会失败的测试脚本回放成功。同时，为了方便测试员对测试对象图的修改和维护，IBM RFT 还提供了强大的查询和查询定制能力，帮助测试脚本维护人员快速找到变化的测试对象，进行修改和维护工作。

IBM 提供的 Script Assurance 专利技术，使测试员能够从总体上改变工具对测试对象变更的容忍度，在很大程度上提高了脚本的可重用性。Script Assurance 技术主要使用以下两个参数：脚本回放时，工具所容忍被测对象差异的最大门值和用于识别被测对象的属性权重。使用这种技术，测试员可以通过 Eclipse 或 Visual Studio.Net 的首选项设定脚本回放的容错级别，即门值。

通过设置恰当的 Script Assurance 门值和为用于识别对象的属性设置合适的权重，即使在两个回归测试的版本间测试对象有多个属性不同，对象仍有可能被正确识别，脚本仍有可能回放成功。这为测试脚本的重用提供了最大程度的灵活性。

IBM Rational 的自动化功能测试工具基于 Eclipse 或 Visual Studio.Net 平台，提供了和需求管理工具（Rational Requirements Composer）、建模工具、代码级测试工具、变更及配置管理工具（Rational Team Concert）和缺陷管理工具（Rational Quality Manager）的完美集成，这使得系统测试人员能够和整个软件开发团队在同一个软件平台上，实现系统功能测试，完成测试脚本的配置管理和缺陷追踪。

IBM 的软件产品的安装需要统一由其提供的安装管理器软件 Installation Manager 来负责，IBM Installation Manager 主要用于安装、更新、修改、管理和卸载 IBM 的有关软件，所以安装 IBM 软件产品时首先应安装 Installation Manager。RFT 是 IBM 提供的自动化功能测试软件，只有通过注册后才可以长期使用，本章内容涉及相关软件的安装和注册，通过完成本章的实验将功能测试的实验环境搭建好，为后续实验的进行打好基础。

Classics CD 程序是功能测试实验中使用的样例程序，是一个采用 Java 语言编写的桌面应用程序，该程序包括版本 A 和版本 B 两个版本，采用两个版本在实验中可以模拟回归测试。测试人员要对一个软件进行测试，首先需要熟悉软件的功能，因此本章通过完成对被测软件的一些操作来熟悉该软件的功能。

二、实验目的

（1）掌握 IBM 安装管理器软件 Installation Manager 的安装和使用。

（2）掌握 IBM 功能测试软件 RFT 的安装和注册。

（3）熟悉 RFT 随安装提供的样例被测程序。

三、实验内容

（1）安装管理器软件 Installation Manager。

（2）使用 Installation Manage 安装 IBM 功能测试软件 RFT。

（3）完成 RFT 的注册。

（4）完成在 RFT 中建立测试项目。

（5）运行被测程序 Classics JavaA。

四、实验步骤

（一）安装 IBM Installation Manager1.6

（1）点击 Installation Manager1.6 安装软件包所在文件夹"Installation Manager1.6"下的"install.exe"文件，如图 1.1 所示。

图 1.1　选择安装文件

（2）启动 "install.exe" 文件之后，点击 "下一步" 按钮，弹出如图 1.2 所示的窗口，该窗口用于选择软件的安装路径，采用默认的安装目录即可，点击 "下一步"。

图 1.2　选择安装位置

（3）在弹出的 "复审摘要信息" 窗口中，点击 "安装" 按钮，如图 1.3 所示。

图 1.3　确认安装信息

（4）安装完成之后，重新启动 Installation Manager。

（二）安装 RFT 功能测试软件

（1）启动"开始"菜单中的"Installation Manager"，弹出 Installation Manager 的安装主界面，如图 1.4 所示，点击"安装"按钮。

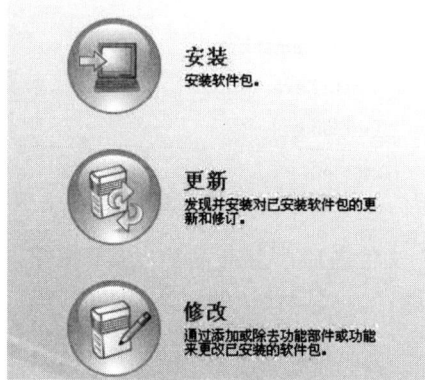

图 1.4　安装主界面

（2）在弹出的窗口中，点击蓝色的"存储库"字样的超链接。在弹出的窗口中点击"添加存储库"按钮。

图 1.5　选择安装方式

（3）在弹出的如图 1.6 所示的"添加存储库"窗口中，点击"浏览"按钮，选择安装软件文件。

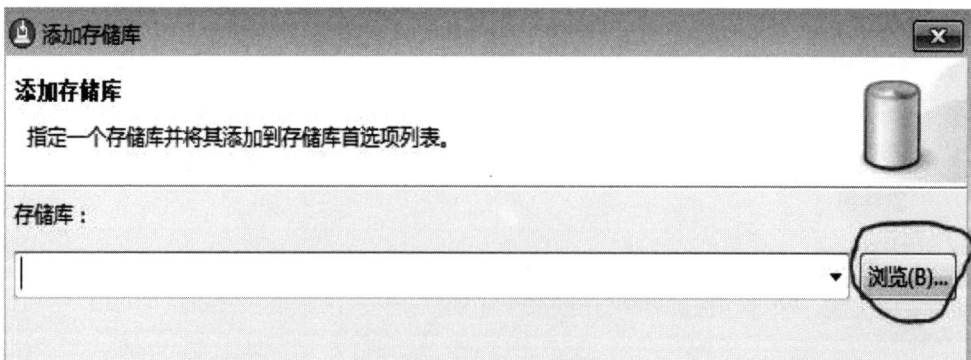

图 1.6　添加存储库

（4）找到 RFT 软件安装包存放的目录，选中 RFT_8.2_CORE 文件夹下面的
"diskTag.inf"文件，选中之后返回图 1.6 所示的界面，单击"确定"按钮，弹出如图 1.7
所示的"存储库"列表界面，选中新建的存储库，点击"确定"按钮。

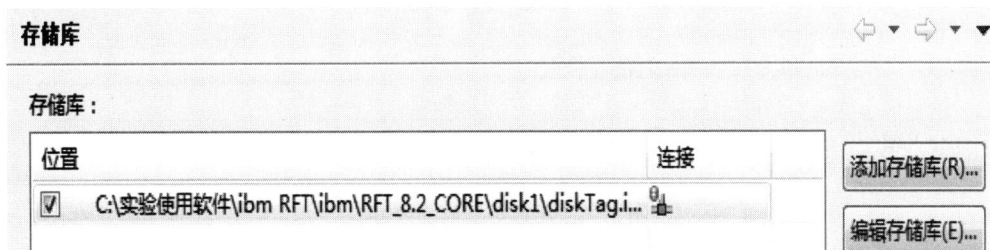

图 1.7　选定存储库

（5）在弹出如图 1.8 所示的"选择要安装的软件包"窗口中，对安装包进行勾选，
如图 1.8 所示，点击"下一步"。

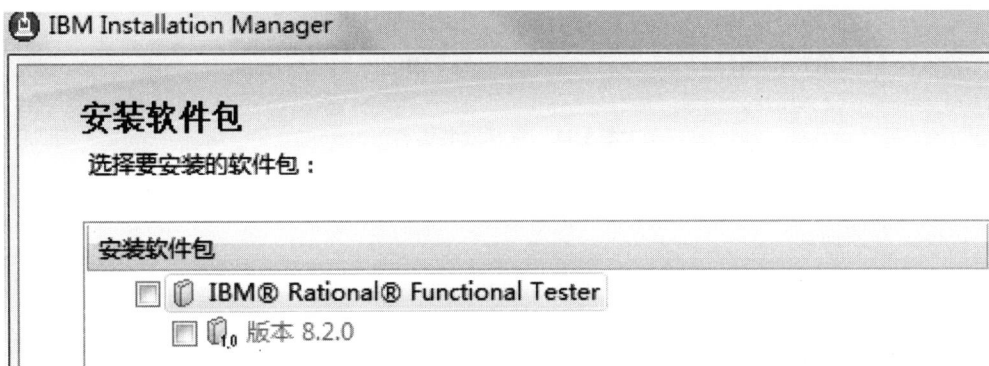

图 1.8　选择安装软件包

（6）在弹出的窗口中选中"接受协议条款"后，单击"下一步"按钮。弹出如图 1.9
所示的"选择安装路径"窗口，采用默认的安装路径，点击"下一步"按钮。

图 1.9　选择安装路径

（7）弹出"扩展现有的 Eclipse"窗口，如图 1.10 所示，不选中"扩展现有的 Eclipse"

选项，点击“下一步”按钮。

扩展现有的 Eclipse
Eclipse IDE:
指定包含 eclipse.exe 文件的子目录。
Eclipse JVM:

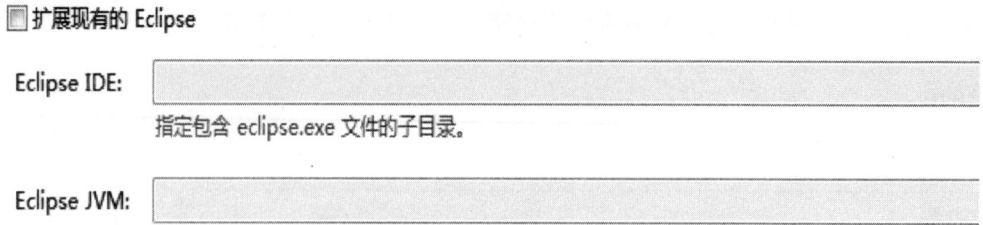

图 1.10　选择扩展安装内容

（8）弹出“选择安装语言”窗口，如图 1.11 所示，选择“简体中文”，点击“下一步”按钮。

翻译
简体中文(M)
巴西葡萄牙语(O)
意大利语(I)
日本语(J)

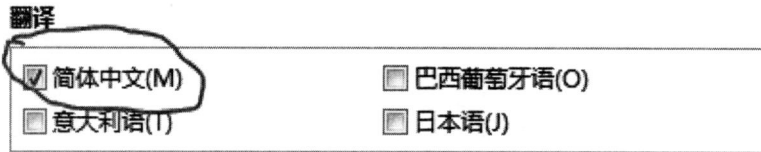

图 1.11　选择安装语言

（9）弹出“功能部件”窗口，如图 1.12 所示，采用默认选项“Java™ 脚本编制”，单击“下一步”按钮。

功能部件
IBM® Rational® Functional Tester 8.2.0
Java™ 脚本编制
.NET 脚本编制
.NET 2003 脚本编制
.NET 2005 脚本编制

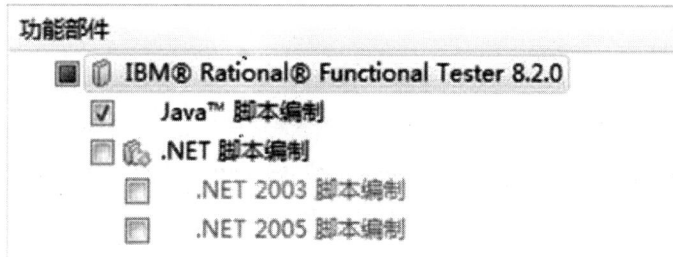

图 1.12　选择脚本语言

（10）弹出“软件包配置”窗口，如图 1.13 所示，采用默认选项“从 Web 存取帮助”，如果选择安装下载，将会增大安装文件的大小，单击“下一步”按钮。

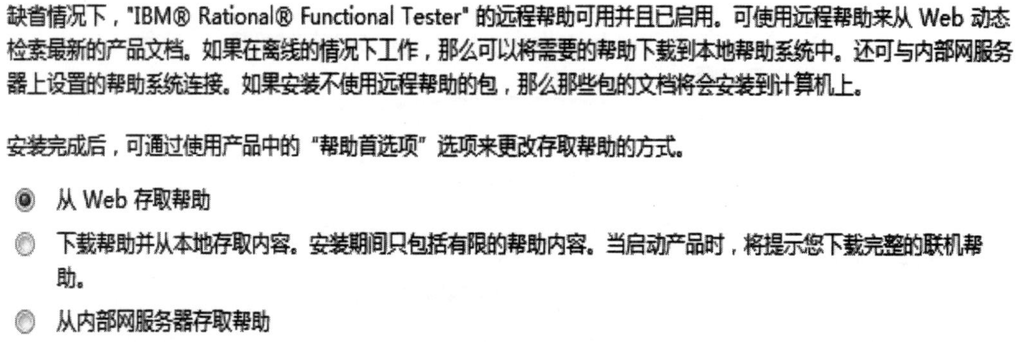

缺省情况下，"IBM® Rational® Functional Tester" 的远程帮助可用并且已启用。可使用远程帮助来从 Web 动态检索最新的产品文档。如果在离线的情况下工作，那么可以将需要的帮助下载到本地帮助系统中。还可与内部网服务器上设置的帮助系统连接。如果安装不使用远程帮助的包，那么那些包的文档将会安装到计算机上。
安装完成后，可通过使用产品中的 “帮助首选项” 选项来更改存取帮助的方式。
从 Web 存取帮助
下载帮助并从本地存取内容。安装期间只包括有限的帮助内容。当启动产品时，将提示您下载完整的联机帮助。
从内部网服务器存取帮助

图 1.13　选择从 Web 获取帮助

（11）弹出"复审摘要信息"窗口，如图1.14所示，单击"安装"按钮开始进行安装，安装结束后，点击"完成"按钮。

图1.14 安装确认

（三）安装完成之后的确认

（1）安装完成之后，点击"开始"菜单进行查看，如图1.15所示，点击"Java脚本编制"，启动RFT。

图1.15 从"开始"菜单启动RFT

（2）弹出"工作空间启动程序"窗口，采用默认的工作空间，点击"确定"按钮，如图1.16所示。

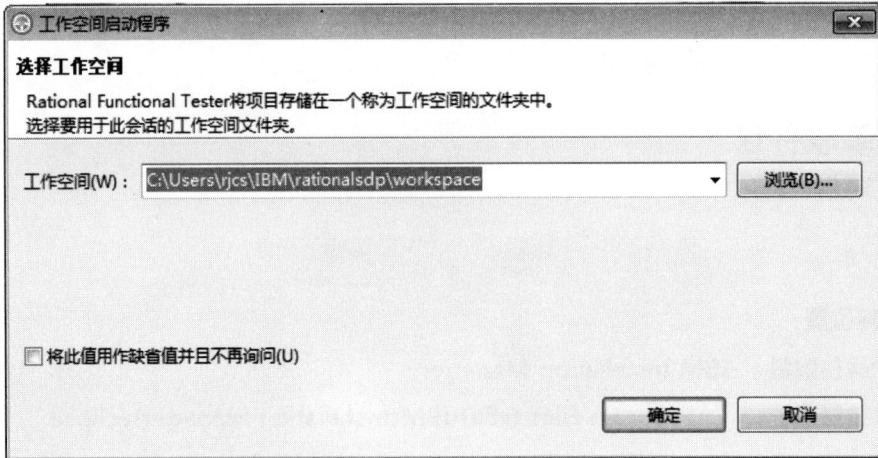

图 1.16　选择工作空间

（3）点击"确定"按钮，弹出"带有试用许可证的功能部件"对话框，如图 1.17 所示，此处点击"忽略"按钮。

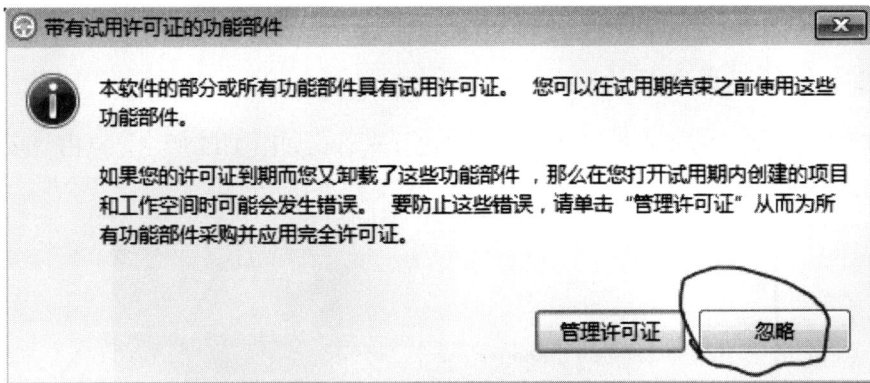

图 1.17　暂时忽略激活软件

（4）此时将进入功能测试主界面，如图 1.18 所示。

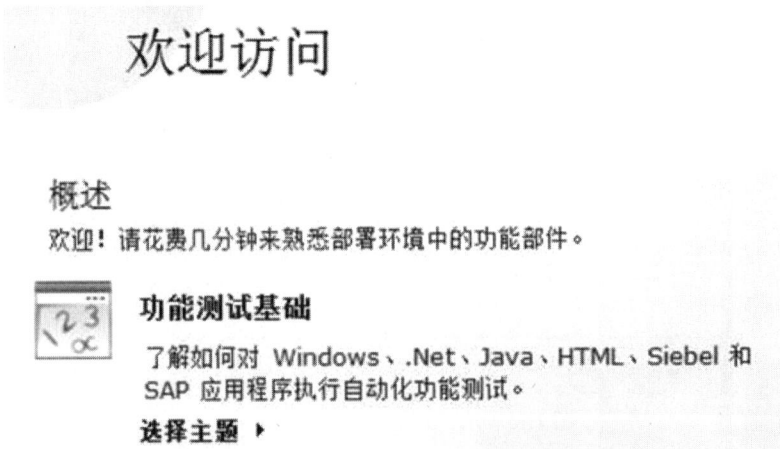

图 1.18　RFT 启动后的欢迎界面

（四）建立测试项目和配置被测程序

RFT 将与测试有关的资源以测试项目的形式进行组织，要对软件进行测试，首先要建立测试项目。本小节将介绍如何完成一个测试项目的建立和对项目进行配置，从而实现在项目中启动被测程序。

（1）打开 RFT 后，点击"文件"→"新建"→"Functional Test 项目"，弹出如图 1.19 所示的"创建 Functional Test 项目"窗口，在项目名称处输入"CDProject"。完成之后，在 RFT 的项目视图中可以看到刚刚建立的项目，如图 1.20 所示。

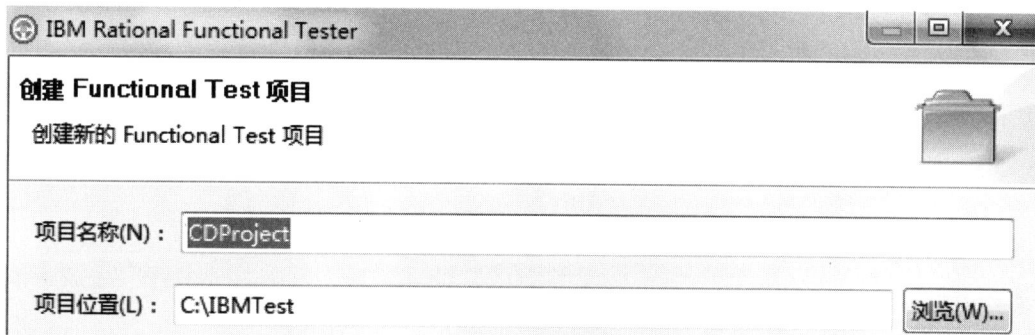

图 1.19　创建测试项目

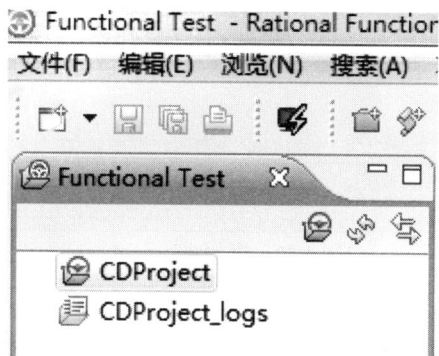

图 1.20　测试项目列表

（2）选中"CDProject"项目，点击"配置"→"配置应用程序进行测试"菜单项，如图 1.21 所示。

图 1.21　启动配置应用程序

（3）参照图 1.22 所示窗口创建被测应用程序，其中"ClassicsJavaA"是应用程序在 RFT 中的别名；"路径"是指应用程序对应的存放目录，这里以 IBM 自带的示例应用程序为例，可以将路径设置为"C:\Program Files (x86)\IBM\SDP\FunctionalTester\FTSamples"；
"ClassicsJavaA.jar"是 Java 包文件，RFT 随安装过程提供了两个 Java 包文件，即
"ClassicsJavaA.jar"和"ClassicsJavaB.jar"，对应一个应用程序的不同版本。该程序是一
个 Java 编写的桌面程序，用于 CD 的查看和订购，后面的实验将对这该程序进行测试。类
似的创建"ClassicsJavaB"应用程序，对应的 Java 包文件为"ClassicsJavaB.jar"。

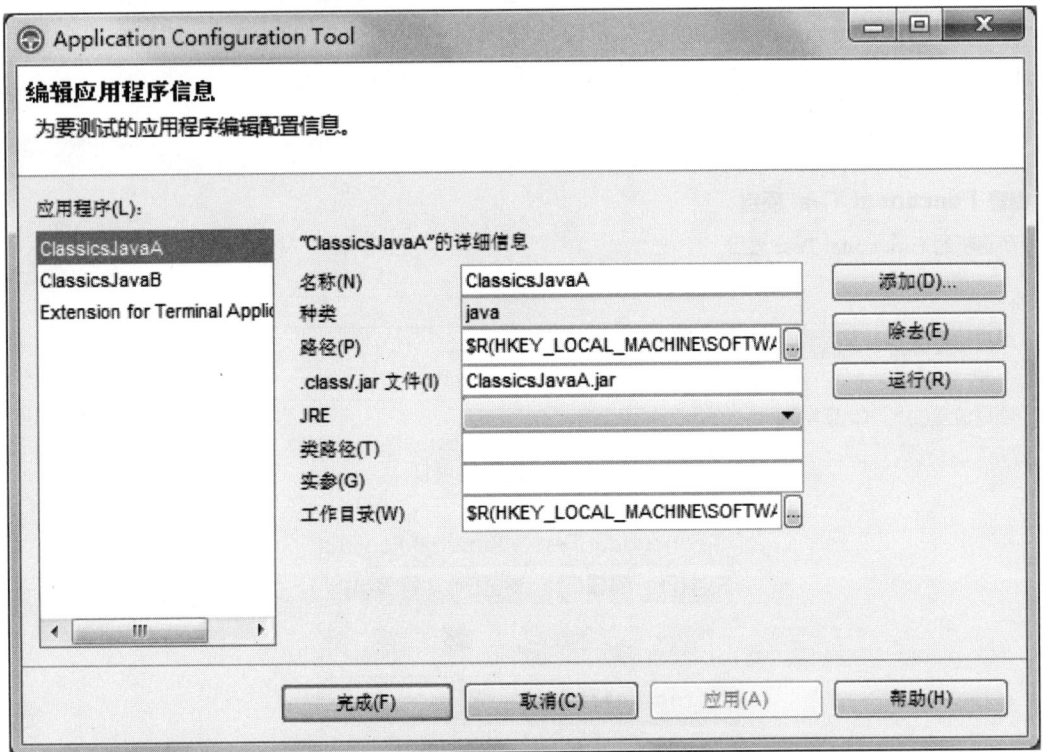

图 1.22　添加测试程序

（4）"Extension for Terminal Applications"项用于配置 RFT 的 Java 环境，如图 1.23
所示。

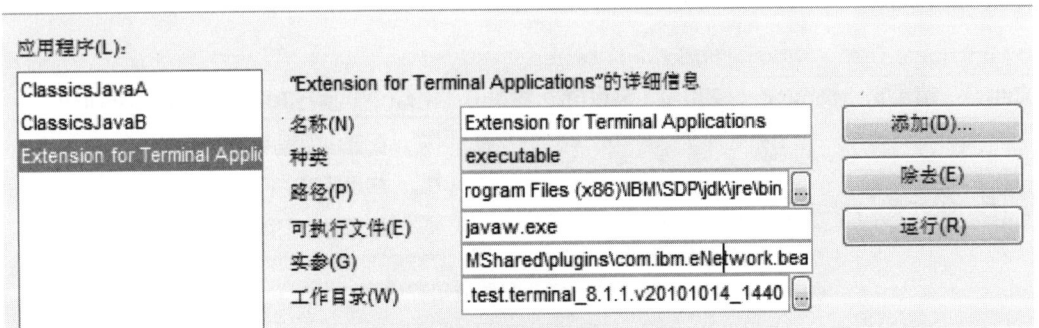

图 1.23　配置 RFT 使用的 Java 环境

（5）在完成配置后，选择"ClassicsJavaA"列表项，然后点击"运行"，此时可以通过 RFT 启动 ClassicsJavaA.jar 程序，如图 1.24 所示。

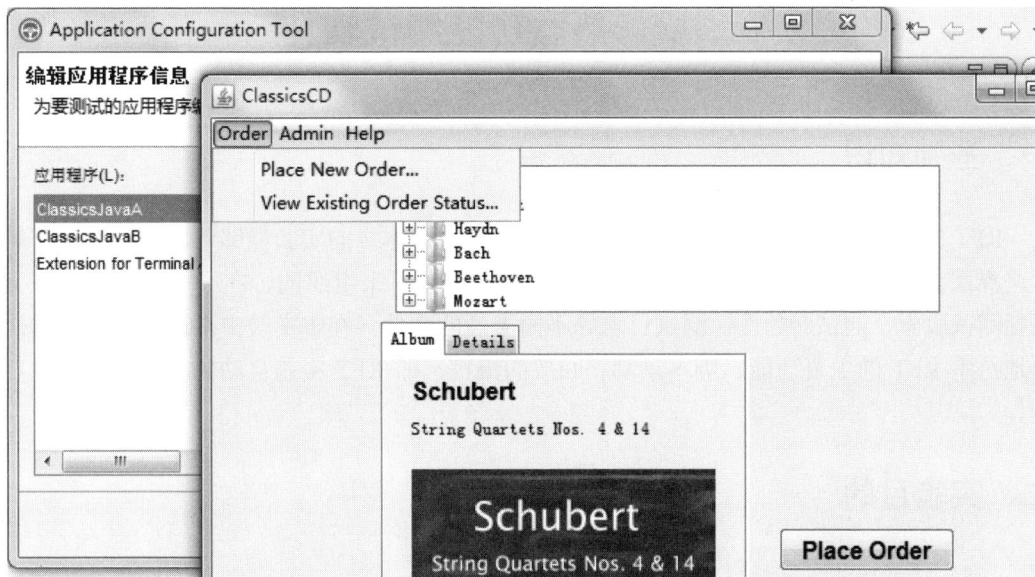

图 1.24　在 RFT 中启动 Classics Java A.jar 应用程序

（6）对 ClassicsCD 应用程序完成以下操作，用于熟悉该应用程序的功能。

①点击"Haydn"旁边的"+"号，展开对应的列表。

②点击"Symphonies Nos.94 & 98"。

③点击"Place Order"。

④在成员登陆对话框，选中"Existing Customer"，在"Full Name"中选择"Trent Culpito"，不输入密码，点击"OK"按钮。

⑤输入"credit card number"和"expiration date"，可以输入任意内容，如"7777 7777 7777 7777"和"08/12"。

⑥点击"Place Order"。

⑦在确认消息对话框中点击"确认"按钮。

⑧关闭应用程序的窗口。

⑨间隔几分钟再启动该程序并再订购一个新的订单。

第二章　熟悉功能测试软件

一、基础知识

RFT 的界面元素（菜单和工具栏按钮）较多，通过本章的实验能够帮助用户快速了解这些界面元素。RFT 针对具体的测试任务是以测试项目来组织的，在一个测试项目下又包括测试脚本、测试对象图、测试日志等不同类型的文件。在本实验中，通过一些操作快速地熟悉 RFT 的主要功能、脚本录制和回放的流程，即 RFT 实施自动化功能测试的主要流程。

二、实验目的

（1）熟悉功能测试软件 RFT 的界面元素。

（2）基本了解记录并回放一个简单脚本的过程。

三、实验内容

（1）启动运行 RFT。

（2）在 RFT 中建立测试项目。

（3）查看 RFT 的帮助文档。

（4）在 RFT 中进行简单脚本的录制与回放。

四、实验步骤

（一）浏览功能测试软件 RFT 的界面

（1）启动 RFT。

（2）在工作空间中使用默认值，并勾选"将此值用作缺省值并且不在询问"选项，如图 2.1 所示，点击"确定"按钮。

（3）连接之前创建的测试项目"CDProject"（假设该项目没有出现在项目列表中）。点击菜单"文件"→"连接到功能测试项目"。测试项目是脚本、测试对象图、验证点、脚本模版和数据池的集合，在进行脚本录制前必须先创建测试项目，这里通过链接打开一个已有的测试项目，选择项目所在的路径和名称，如图 2.2 所示。

（4）点击"Functional Test"透视图按钮，打开"Funtional Test 透视图"界面，如果该按钮没有出现，点击"窗口"→"打开透视图"→"其他"→"Functional Test"，打开结果如图 2.3 所示（透视图为特定的任务提供了许多功能按钮，并为资源的显示提供空间，最常用的是功能测试透视图，除此之外，还有一些其他的透视图，打开方法同上）。

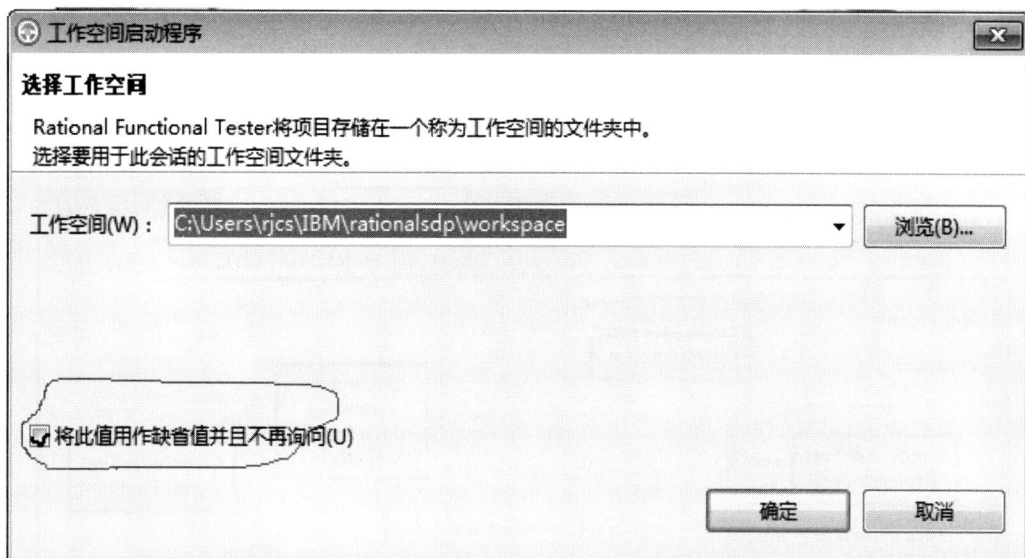

图2.1　选择工作空间

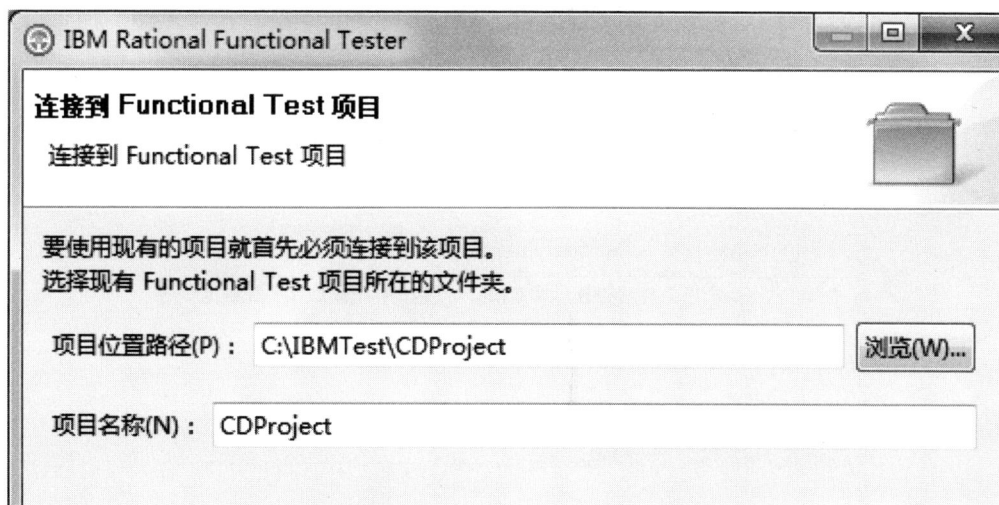

图2.2　选择功能测试项目

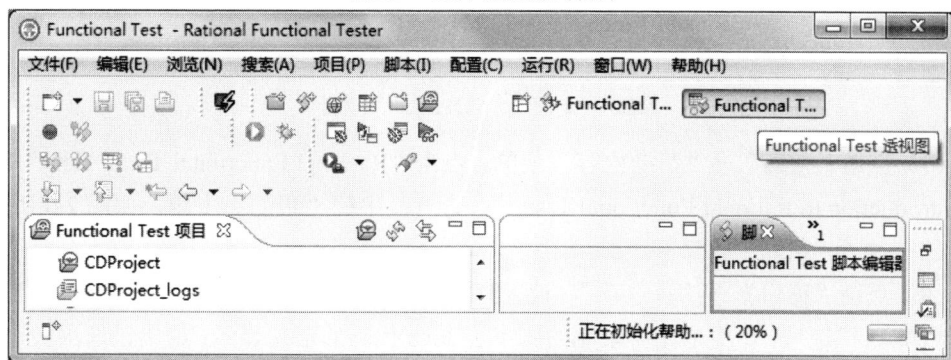

图2.3　打开透视图

（5）功能测试透视图界面中各部分含义参考图 2.4。左边的项目视图中列出了每个测试项目包括的资产，包括脚本文件、目录、共享的测试地图、日志等。在"Java Script Editor"中，可以查看修改测试脚本的 Java 代码，该视图的左上角标签页上显示正在编辑的脚本文件名称。在"Script Explorer" 视图中列出了该脚本对应的验证点和测试对象。

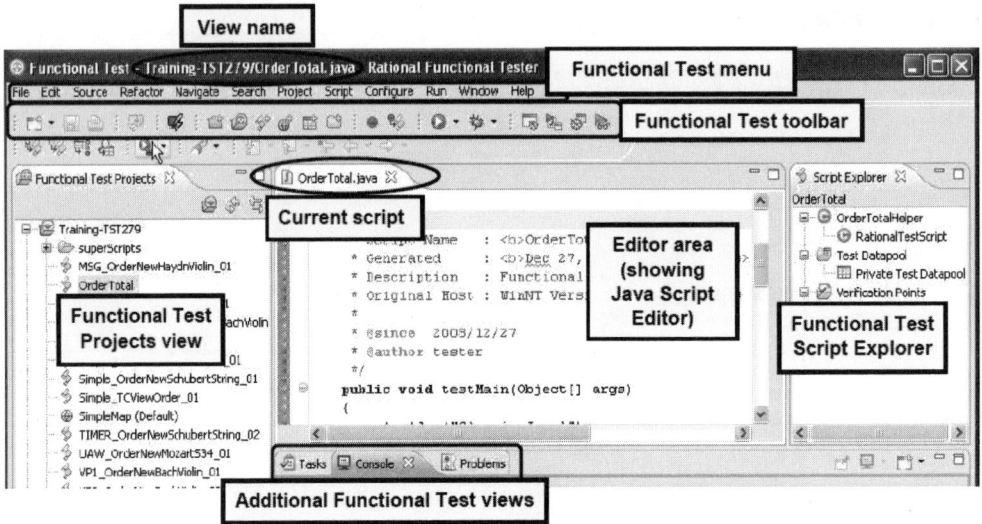

图2.4　功能测试透视图界面说明

（6）在功能测试项目浏览器"Functional Test"中，定位到"CDProject"项目，如图 2.5 所示。

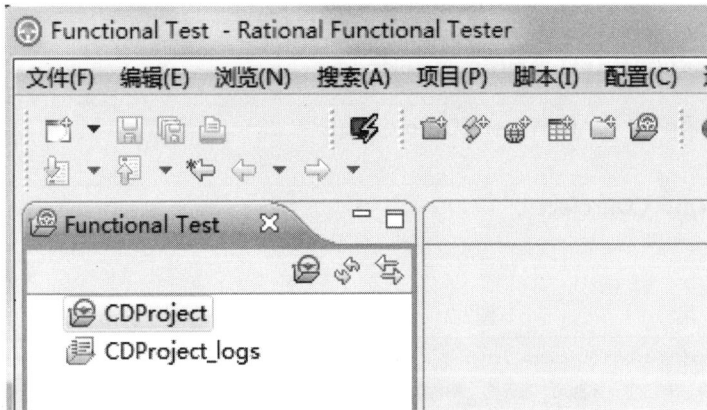

图2.5　定位到"CDProject"项目

（7）点击"帮助"→"帮助内容"菜单。点击"Rational Functional Tester Help"并展开"Introduction to Rational Functional Tester"。查看其中的"帮助"主题，如图 2.6 所示。

（8）关闭"帮助"窗口。

（9）点击"窗口"→"首选项"，设置脚本显示方式，如图 2.7 所示，取消"启动简化的脚本编制"选项，作用是使得录制的脚本以 Java 代码的形式显示；如果该选项被选中，脚本视图将不再显示代码，而是显示界面元素可视化的操作流程，不利于我们深入理解录制产生的脚本的含义，因此这里取消该选项。

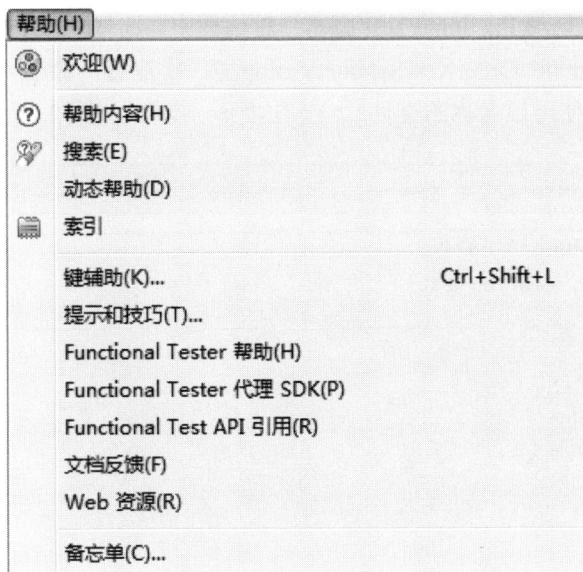

图2.6 查看"帮助"主题

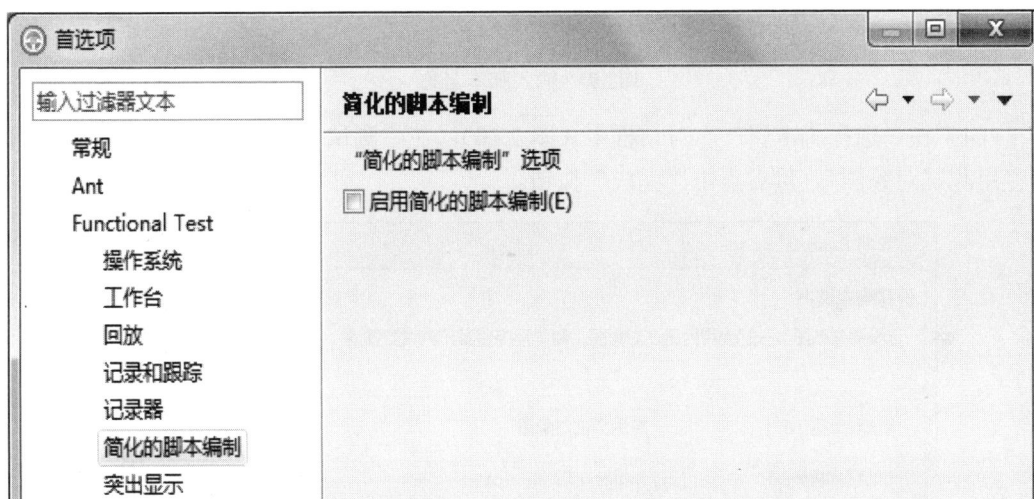

图2.7 设置脚本显示方式

（二）熟悉脚本录制和回放

（1）启动 RFT 并连接到 CDProject 项目。

（2）在项目透视图中，在工具栏中点击"录制一个功能测试脚本"快捷按钮，如图 2.8 所示。

图2.8 点击录制

（3）在弹出的"记录 Fuctional Test 脚本"对话框中，选择"CDProject"项目，在"脚本名称"处输入"Simple_OrderNewSchubertString_01"（注意：命名一定要和这里的命名一致，后面的实验将使用该名称的文件），点击"下一步"，如图 2.9 所示。

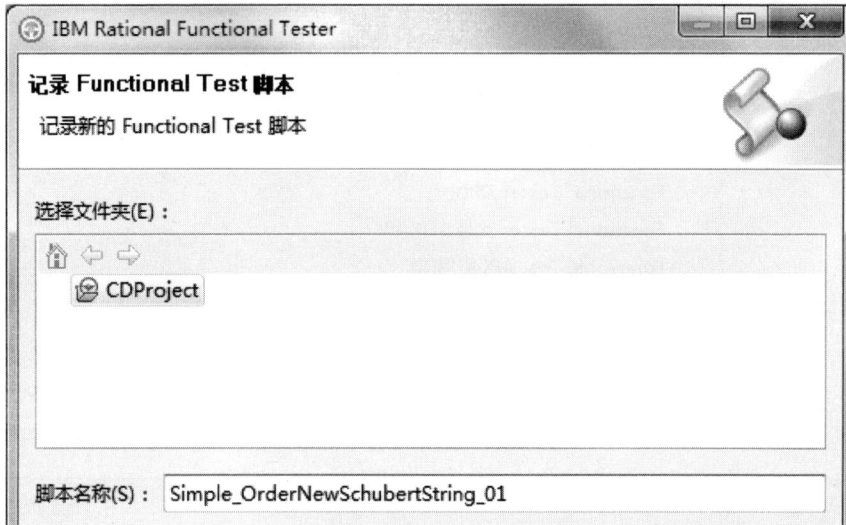

图2.9　输入脚本名称

（4）在"选择脚本资产"对话框中（图 2.10），在"测试对象图"下拉列表框中选择"专用测试对象图"，然后点击"完成"按钮。

图2.10　设置脚本关联的资源

（5）现在可以准备录制一个脚本了，在功能测试录制监视器窗口中，点击"启动应用程序"按钮，在弹出"启动应用程序"对话框中，选择"ClassicsJavaA-Java"后，点击"确定"按钮，如图 2.11 所示。

（6）按照第一章步骤（四）操作该应用程序，完成一个订单的订购，订单内容如图 2.12 所示。

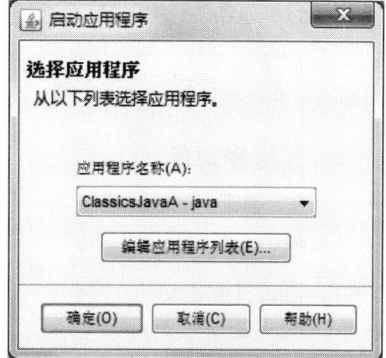

图 2.11　选择要录制脚本的应用程序

图 2.12　填写订单内容

（7）在录制监视器窗口中，点击"插入验证点和操作命令"按钮，如图 2.13 所示。这时脚本录制暂停，"验证点和操作向导"窗口被打开，如图 2.14 所示。

图 2.13　插入验证点

（8）取消"选择对象后前进到下一页"复选框，如图 2.14 所示。

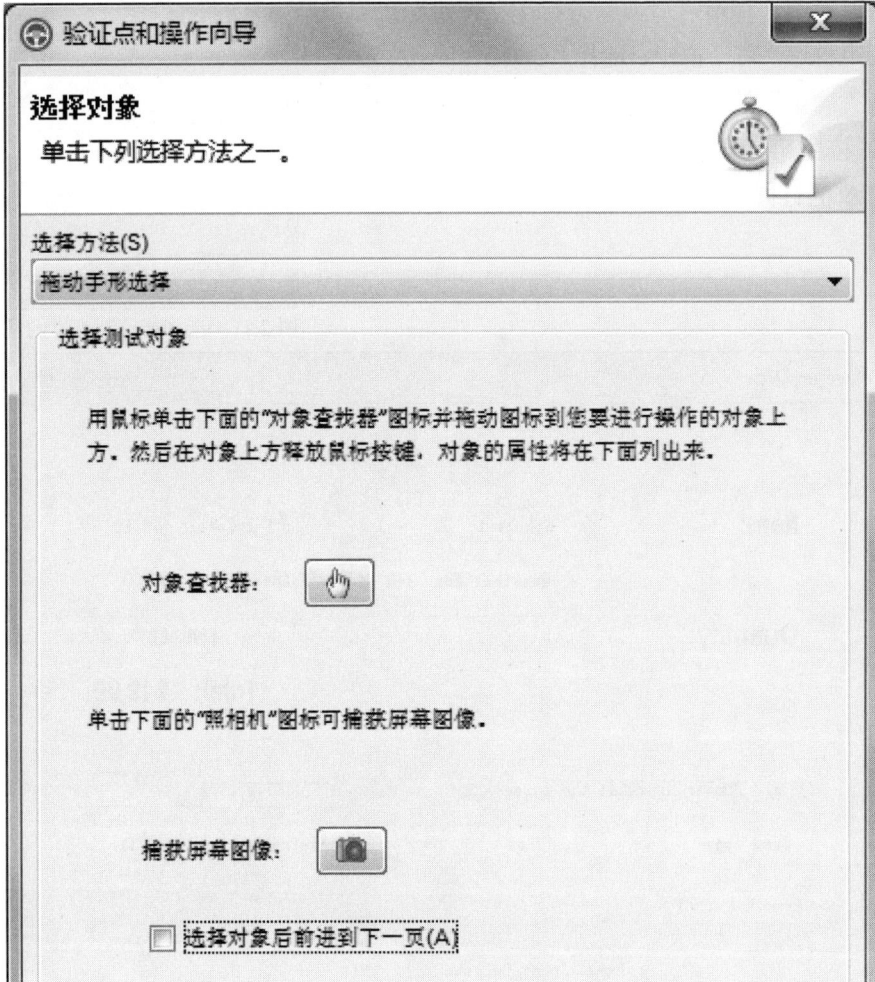

图 2.14　利用拖动方式选择测试对象

（9）为了插入一个验证点，必须先选择一个对象。点击"对象查找器"按钮，如图 2.14 所示，拖动鼠标到要选择的对象上，这里选择总金额对象"$19.99"，释放鼠标，这时选中对象的有关信息会显示在选择对象窗口中，如图 2.15 所示，点击"下一步"。

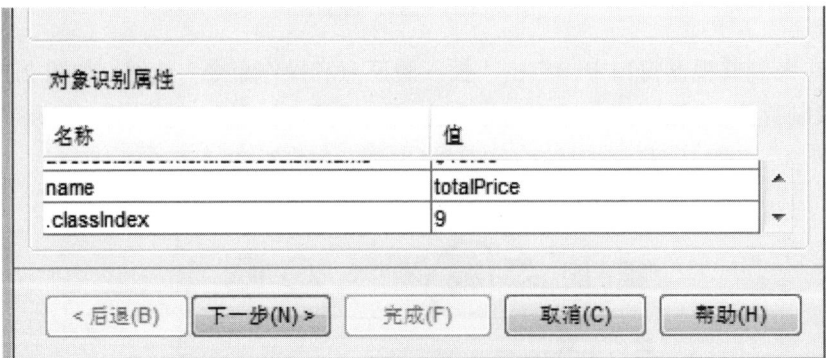

图 2.15　查看对象识别属性

（10）在"选择操作"向导窗口中，如图 2.16 所示，选中"执行'数据验证点'"，点击"下一步"。

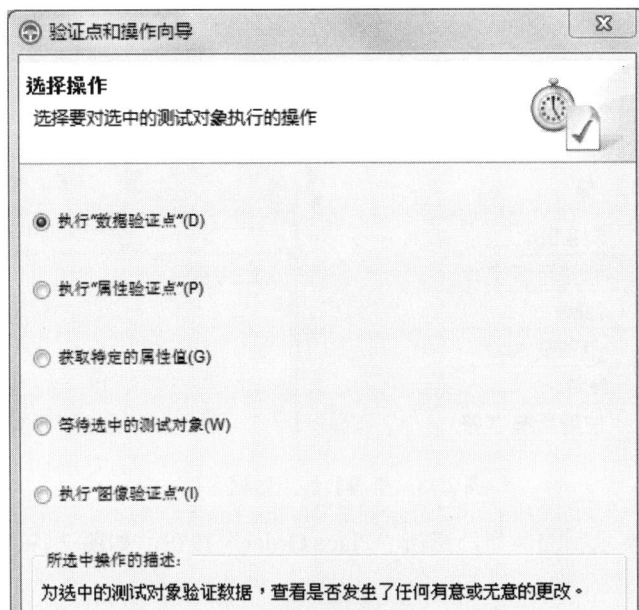

图 2.16 选择操作向导

（11）在"插入'验证点数据'命令"向导窗口中，如图 2.17 所示，点击"下一步"和"完成"按钮，此时验证点被记录，并弹出如图 2.18 所示的"验证点数据"窗口，点击"完成"按钮，脚本录制过程重新开始。

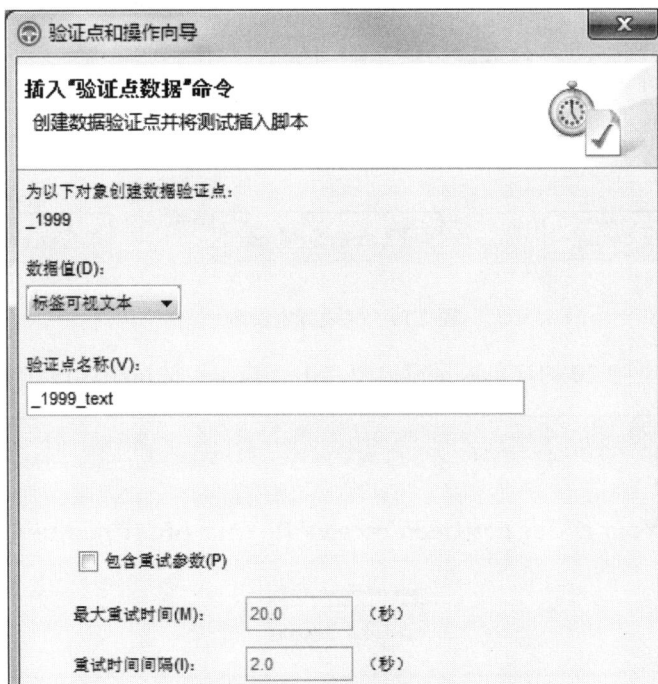

图 2.17 "插入'验证点数据'命令"向导窗口

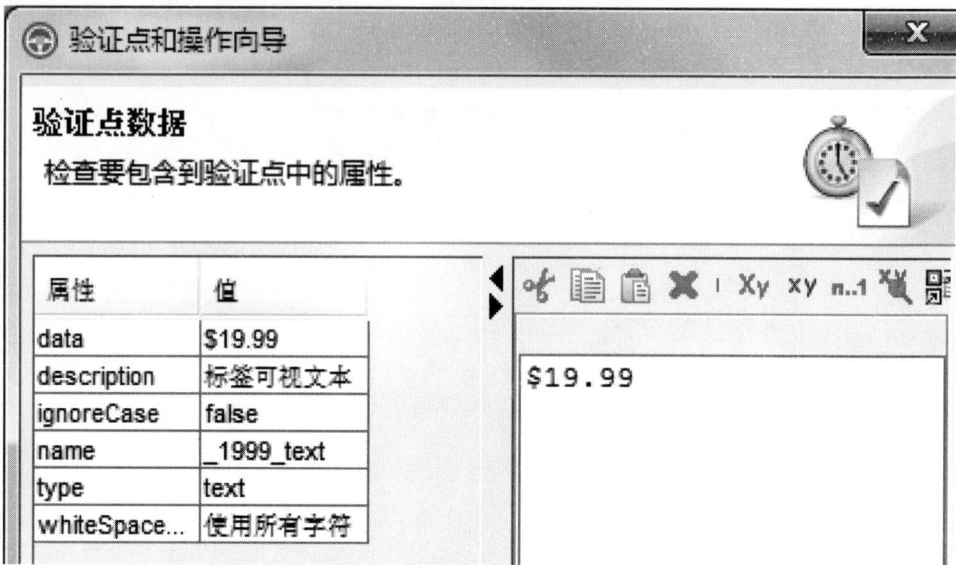

图 2.18　查看验证点数据窗口

（12）继续完成脚本录制的操作，点击 "Place Order" 按钮，如图 2.19 所示。

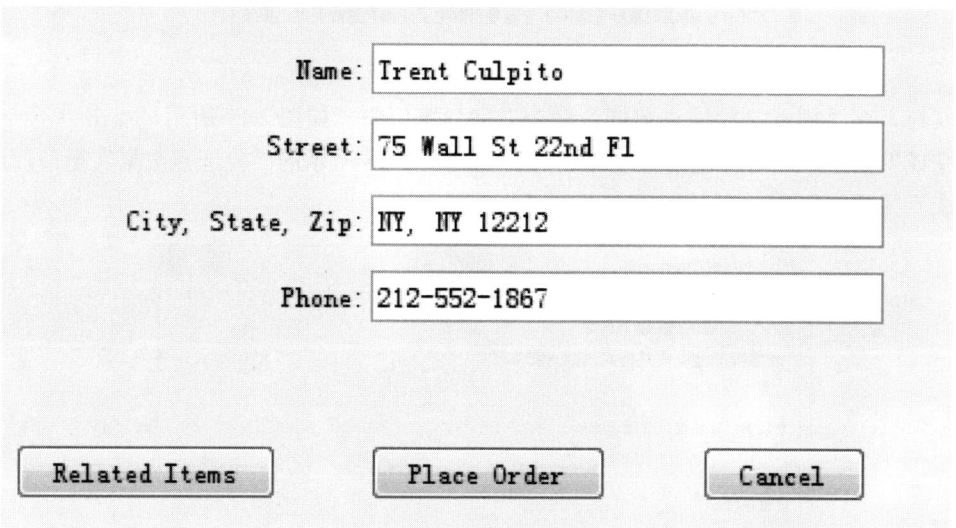

图 2.19　完成脚本录制

（13）在弹出的如图 2.20 的订单提示窗口中点击 "确定" 按钮确认该订单。

图 2.20　确认订单对话框

（14）关闭 ClassicsCD 应用程序。

（15）在功能测试录制监视器中点击"停止"按钮，如图 2.21 所示。

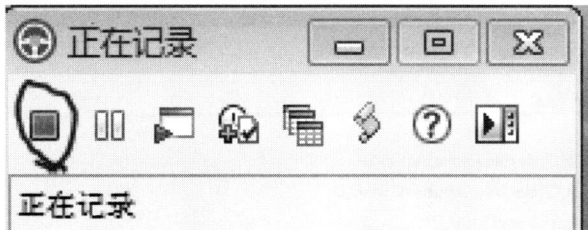

图 2.21 停止录制

（16）完成之后，RFT 根据录制时的操作自动产生测试脚本，可以在项目浏览器部分看到产生的测试脚本文件，可以在编辑视图中查看该脚本文件的代码，可以在脚本浏览器中查看该脚本对应的测试对象，如图 2.22 所示。

```java
public class Script1 extends Script1Helper
{
    /**
     * Script Name   : <b>Script1</b>
     * Generated     : <b>2014-6-11 下午03:41:05</b>
     * Description   : Functional Test Script
     * Original Host : WinNT Version 6.1  Build 7600 ()
     *
     * @since  2014/06/11
     * @author yangjun
     */
    public void testMain(Object[] args)
    {
        startApp("ClassicsJavaA");

        // Window: QQ.exe:
        txGuiFoundationwindow().drag(atPoint(731,336), atPoint(953,431));
        txGuiFoundationwindow().click(atPoint(915,454));

        // Frame: ClassicsCD
        classicsCD(ANY,MAY_EXIT).close();
    }
}
```

图 2.22 查看录制生成的测试脚本

（17）现在，可以对刚刚录制的脚本进行回放，在 RFT 的工具栏中，点击运行功能测试脚本按钮，如图 2.23 所示，然后选择"Simple_OrderNewSchubertString_01"脚本文件。

图 2.23 回放录制的脚本

（18）在"选择日志"对话框中，接受默认设置，如图 2.24 所示，点击"完成"按钮。

图 2.24　选择日志窗口

（19）观察回放操作和回放过程中显示在回放监视器中的脚本，如图 2.25 所示。

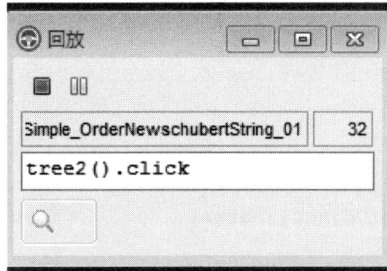

图 2.25　观察回放的脚本操作和过程

（20）当回放结束后，检查产生的回放日志。可以在项目浏览器中找到产生的日志文件，将其双击打开，回放日志将呈现在 IE 浏览器中，如图 2.26 所示。

图 2.26　查看回放日志

（21）关闭测试日志。

（22）关闭 Simple_OrderNewSchubertString_01 测试脚本。

　　使用 RFT 进行自动化的功能测试主要包含脚本录制和回放两个大的步骤，通过以上实验对录制与回放过程有了初步印象，后面的实验将通过逐步操作学习更多的细节。在进行后面的实验之前，请先浏览图 2.27，了解 RFT 进行功能测试的总体流程。在 RFT 中要进行脚本的录制，首先要配置测试环境，包括被测的应用程序和被测程序依赖的环境变量，然后根据个性化的需要设置 RFT 的录制选项，做好准备工作之后，就可以开始录制操作。通过 RFT 的录制功能启动应用程序，对应用程序完成若干操作后，RFT 会自动将测试者对应用程序的操作记录为脚本代码，用户可以根据测试的需要决定是否插入验证点。验证点的作用是验证界面中的某个对象和预期的是否一致，如本节实验设置的总价验证点。在回放测试脚本之前，最好先恢复测试环境和录制脚本时一致，然后设置个性化的回放选项，完成回放后 RFT 将给出回放报告（日志），其中会报告程序是否回放成功；如设置了验证点，将会报告验证点是否通过。

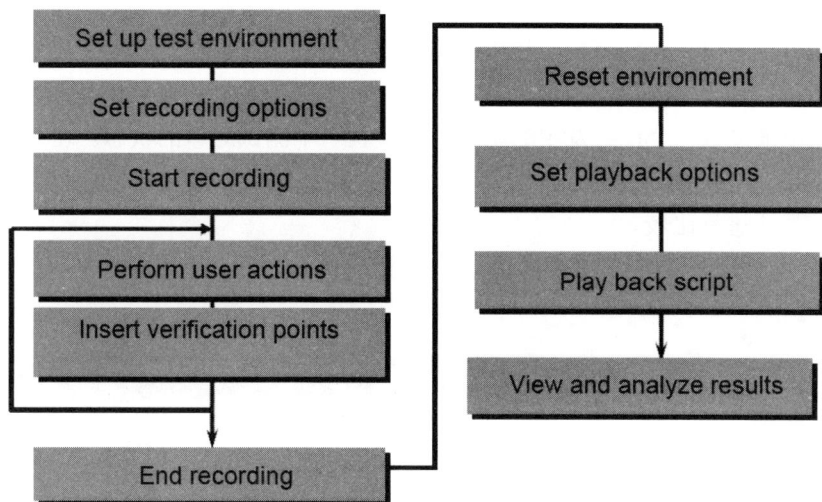

图 2.27　功能测试总体流程

第三章　录制测试脚本

一、基础知识

当用户在利用 RFT 录制脚本的时候，RFT 将录制用户在应用程序上的操作，如按下按键或者点击鼠标等，并将其记录在一个脚本文件中同时自动产生对应的语句，在脚本文件中也可以手动地添加一些语句来模拟用户的行为。当进行脚本回放时，RFT 将根据脚本文件中的语句来再现程序的执行过程。脚本录制过程将记录用户对应用程序的所有操作，所以在录制过程中最好不要进行额外的操作。如果要在录制过程中需要对应用程序的状态进行调整，可以使用录制过程中的暂停和继续录制功能。RFT 功能强大，支持对录制的脚本的扩展，支持在脚本中插入函数、注释、定时器和日志信息，并且这些任务都可以在录制过程中可视化地完成，还支持将新的录制插入到已有的脚本文件中。

在录制测试的过程中，用户也可以针对所要测试应用的数据和对象属性插入验证点，其中，验证点用来检查一个已经发生的动作或者检查一个测试对象的状态。在录制期间，验证点捕获对象信息并将它存储在一个基线文件中。在用户回放脚本时验证点将捕获对象信息，并与基线进行比较。

有三种选择测试对象的方法：拖动手形选择、测试对象浏览器和时间延迟选择，如图 3.1 所示。

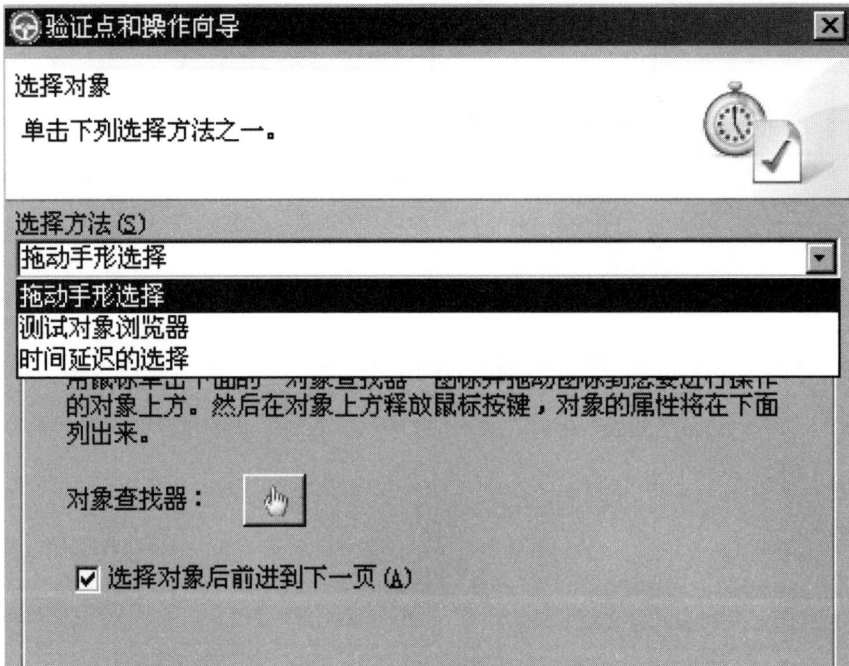

图 3.1　选择测试对象

（1）对象寻找器是一个最常用和最直接的选择测试对象的工具，下面是使用它的具体步骤如下。

①在验证点和操作向导中的选择方法下拉菜单中选择"拖动手形选择"。

②使用鼠标点击手形按钮，并按住鼠标键，将手形拖到你要测试的对象上面，这时测试对象被一个红色的方框包围，对象的名字被显示出来。

③当释放鼠标键时，对象被选定，识别出的对象属性被列在验证点和操作向导下方的对象识别属性网格中。

（2）使用测试对象浏览器选择一个对象的步骤如下。

①在"验证点和操作向导"窗口中的"选择方法"下拉菜单中选择"测试对象浏览器"。

②浏览对象树，直到找到要选择的对象。

③点击要测试的对象，对象的识别属性被列在验证点和操作向导下方的对象识别属性网格中。

过程可参考图 3.2。

图 3.2 用测试对象浏览器选择对象

（3）使用时间延迟选择对象的步骤如下。

①在"验证点和操作向导"窗口中的"选择方法"下拉菜单中选择"时间延迟的选择"。

②设置延迟秒数、缺省是 10 秒。

③点击对象查找器图标（手形）。

④移动鼠标到应用程序上直到得到了想要测试的对象。其中，在延迟期间的任何动作都不会被记录。

⑤当延迟时间结束时，光标之下的对象被选定，对象的识别属性被列在验证点和操作

向导下方的"对象识别属性"网格中。

当一个对象被选定后，它被识别出的属性将会被列在下端的网格中，识别属性由对象代理决定，用户能够使用这个信息来确认是否选择了正确的对象，如果没有信息被列出，表明对象是不可测试的。对象识别属性如图 3.3 下方所示。

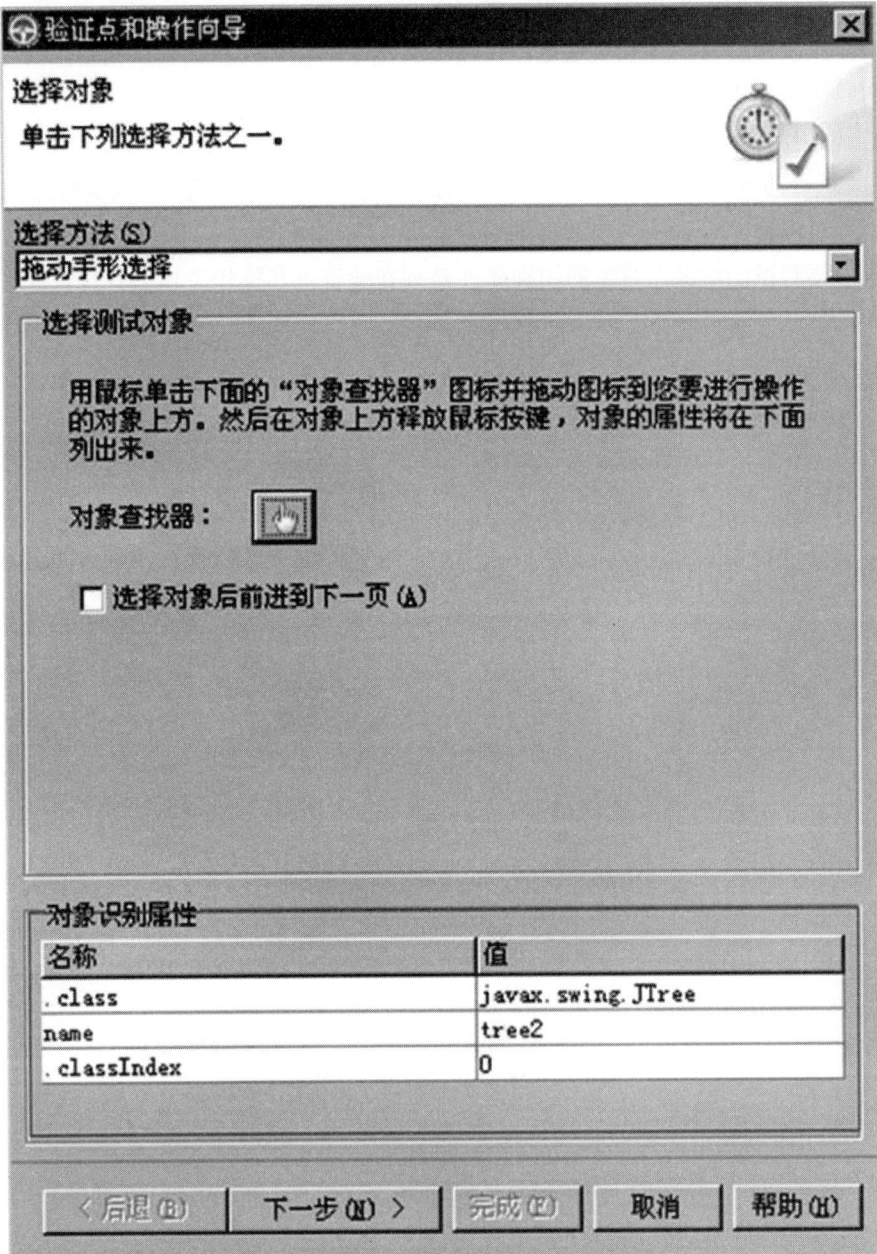

图 3.3　对象识别属性

在选择了一个对象后，可以选择要对选中的测试对象执行的操作，如图 3.4 所示，有四个可以选择的操作 ：两个操作是验证点（数据或者属性），另外两个操作是根据对象进行脚本化动作。

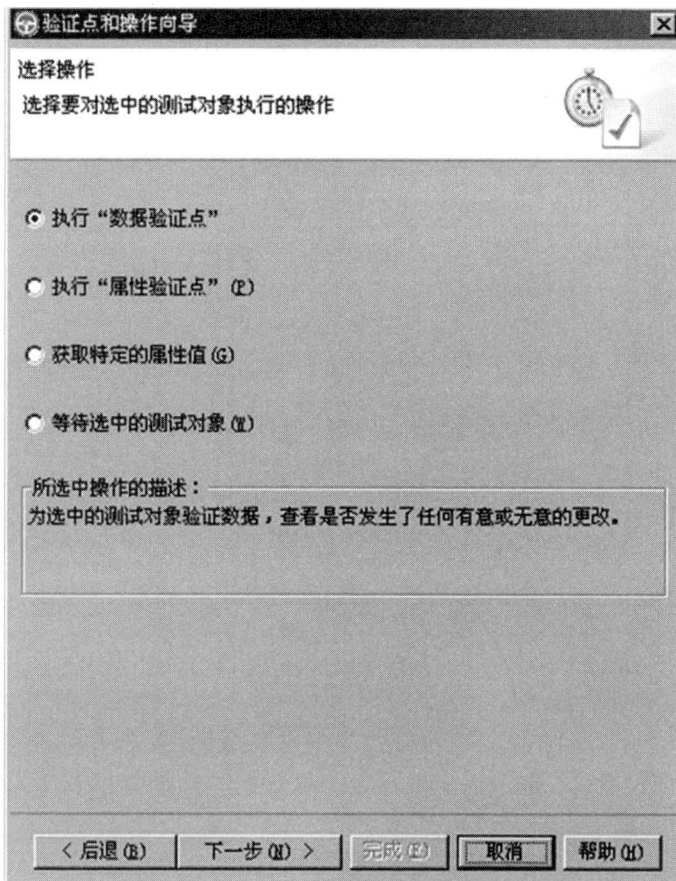

图 3.4　选择要对选中的测试对象执行的操作

在回放脚本时，使用数据验证点来测试用户选定对象的数据，对象名被列在页面的上端。根据被对象代理提供的信息，可测试的数据以列表的形式显示在数据值域中，如图3.5所示。

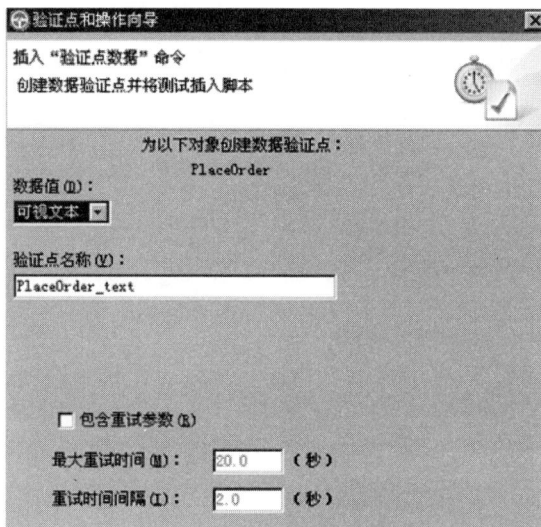

图 3.5　可测试的数据

当录制一个属性验证点时，一个对象的属性基线被生成。每次回放脚本时，对象的属性将与基线进行比较判断是否有变化发生。这个信息对于识别应用中潜在的缺陷是非常有用的。当选择为某个对象插入属性验证点后，将弹出如图 3.6 所示窗口用于选择具体要验证和编辑的属性。

图 3.6　选择需要验证和编辑的属性

当录制一个测试时，我们可以获得被选定对象的单一属性值 。Functional Test 将添加一个 getProperty 命令在录制的脚本中，并在回放时返回属性值，如图 3.7 所示，当完成该操作后，在脚本文件中将自动加入 getProperty 命令语句。

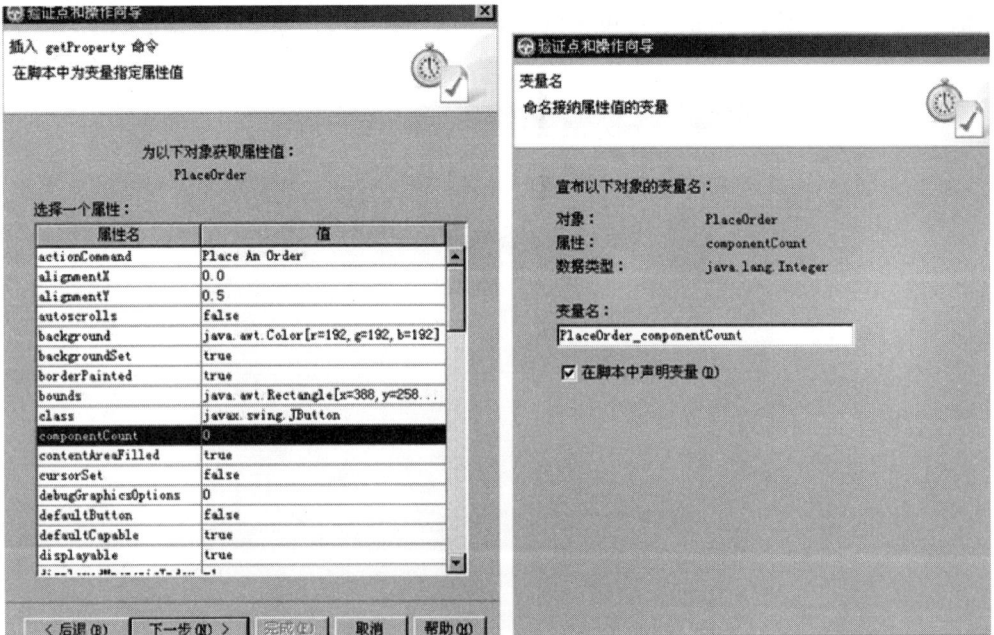

图 3.7　插入 getProperty 命令

当完成了需要测试的操作后，用户可以通过录制工具栏中的停止录制按钮停止录制的过程，或者通过关闭被测试应用程序来停止录制。在停止录制后，Functional Tester 将打开测试编辑器，测试编辑器中将呈现出用户刚刚录制的测试脚本。

二、实验目的

（1）理解数据验证点并掌握数据验证点的录制。
（2）理解属性验证点并掌握属性验证点的录制。
（3）掌握在脚本中添加函数的方法。
（4）掌握在脚本中添加定时器的方法。
（5）掌握将一个新的录制插入到脚本中的方法。

三、实验内容

（1）录制一个数据验证点。
（2）录制一个属性验证点。
（3）在脚本中包含一个脚本支持函数。
（4）在脚本中包含一个定时器。
（5）将一个录制插入到一个脚本。

四、实验步骤

（一）录制一个数据验证点

（1）在功能测试透视图中，点击录制一个功能测试脚本按钮。

（2）在弹出的"记录 Functional Test 脚本"对话框中，选择"CDProject"项目（前面的实验已经连接了该项目）。将脚本文件名称命名为"VP1_OrderNew BachViolin_01"，如果显示了"将脚本加入源控件"复选框，确保其不被选中，点击"下一步"，

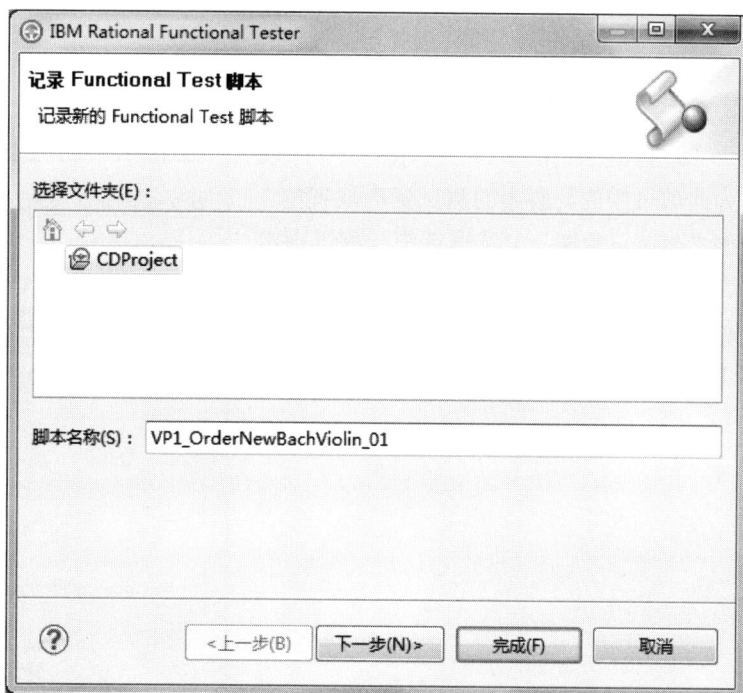

图 3.8 设置脚本所在的项目及脚本名称

如图 3.8 所示。

（3）在"选择脚本资产"对话框中，点击"测试对象图"对应的"浏览"按钮，如图 3.9。

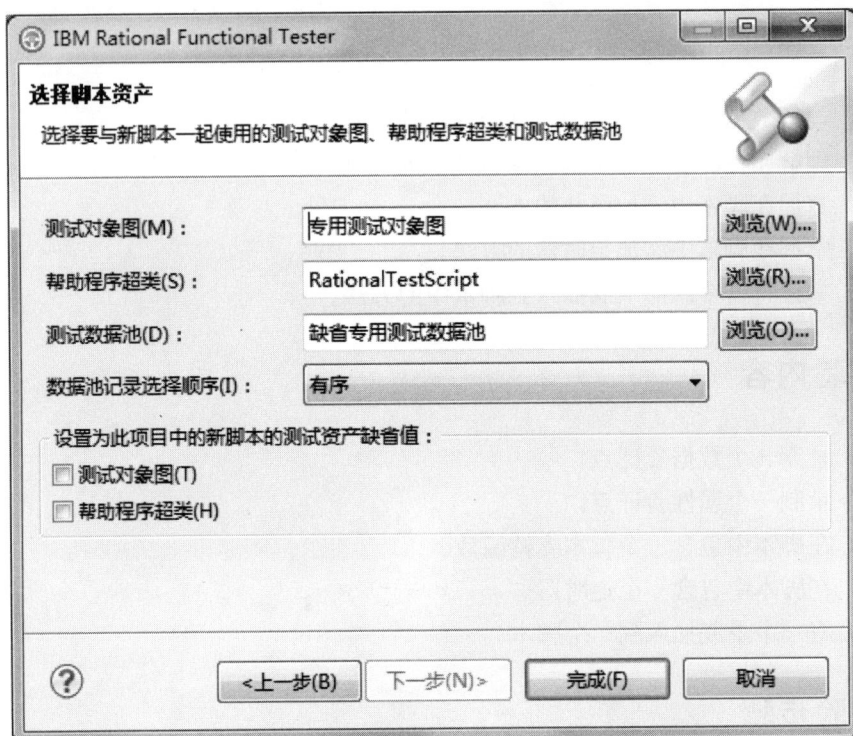

图 3.9 选择脚本资产对话框

（4）在图 3.10 所示的"选择测试对象图"窗口中，选择"专用测试对象图"图标按钮，点击"确定"。

（5）再返回到图 3.11 所示窗口中将"设置为此项目中的新脚本的测试资产缺省值"下的"测试对象图"复选框选中（测试脚本包含各种资源，称为测试资产，对象图也是一种测试资产），点击"完成"，关闭"选择脚本资产"对话框。

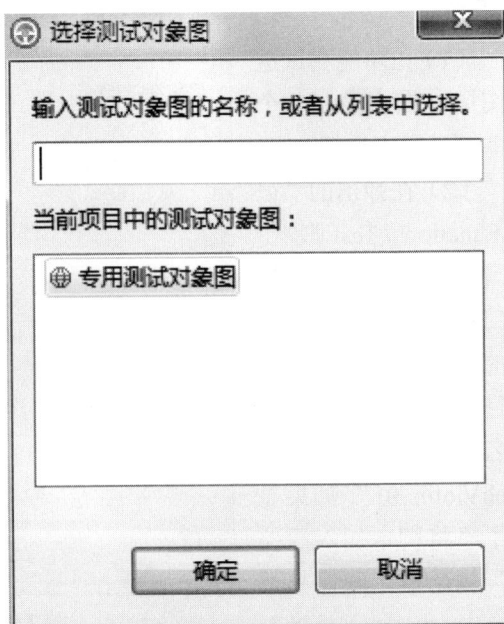

图 3.10 选择测试对象图

图 3.11　选择完成

（6）在功能测试录制监视器中，点击"启动应用程序"按钮，如图 3.12 所示。

图 3.12　开始录制

（7）选择"ClassicsJavaA-Java"程序，点击"确定"，如图 3.13 所示。

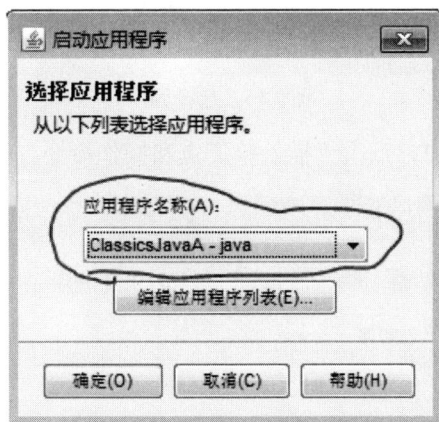

图 3.13　选择应用程序

（8）展开"Bach"列表并单击"Violin Concertos"，如图 3.14 所示。

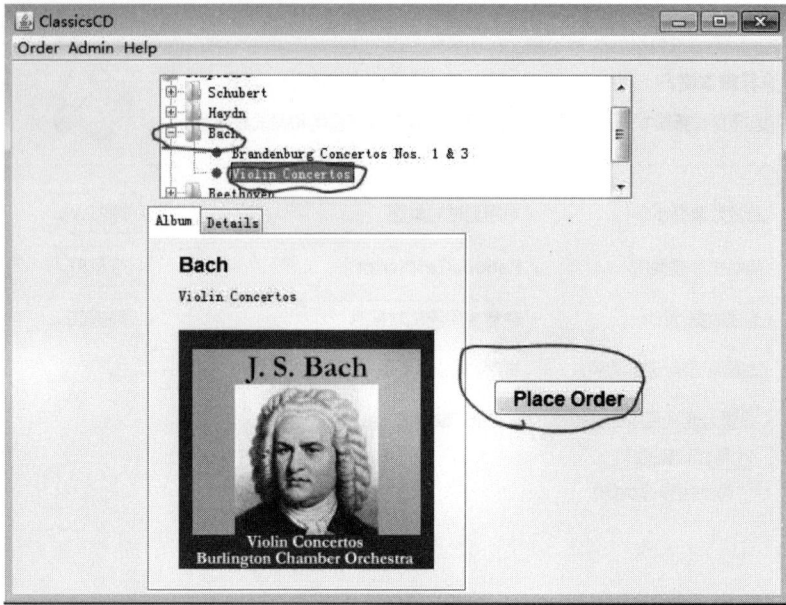

图 3.14　展开目录

（9）在图 3.15 所示的窗口中的"Full Name"选项中选择客户"Trent Culpito"。

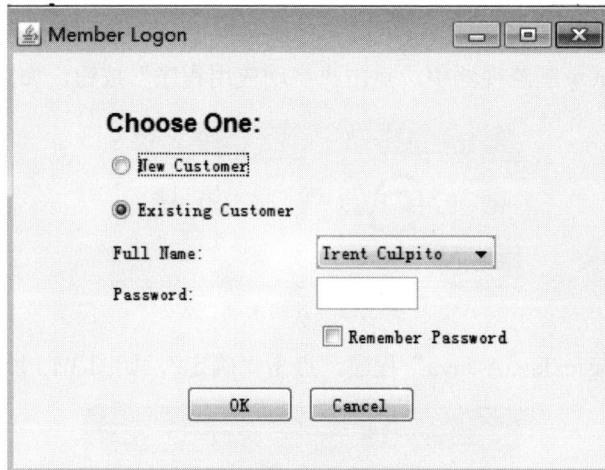

图 3.15　选择客户

（10）在录制监视器中，点击"插入验证点和操作命令"按钮，如图 3.16 所示。

图 3.16　插入验证点

（11）利用对象查找器（手形图标，如图 3.17 所示）选中图 3.18 中的"Remember Password"对象。当选中一个对象时，该对象周围被红色边框标记出来，如图 3.18 所示。

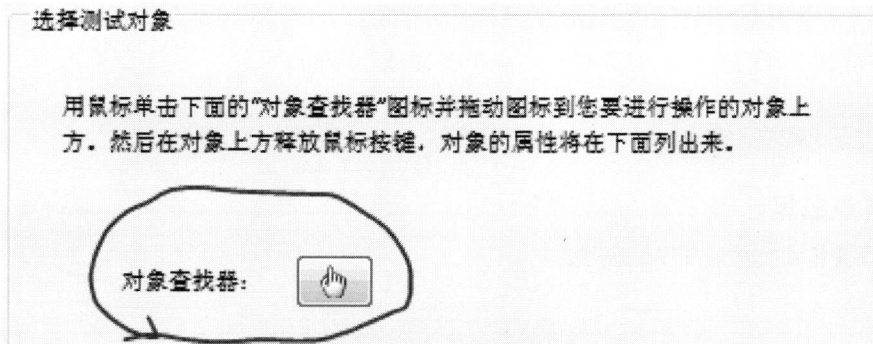

图 3.17 对象查找器图标

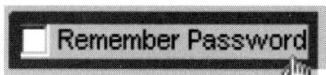

图 3.18 选中对象标志

（12）当选中该对象后，释放鼠标，弹出"选择操作"对话框，在该窗口中可以选择
对该对象进行怎样的操作，这里选则"执行'数据验证点'"单选按钮，如图 3.19 所示，点击"下一步"按钮。

（13）在弹出的"插入'验证点数据'命令"窗口中（图 3.20），在"数据值"下拉列表中，选择"复选框可视文本"，此时

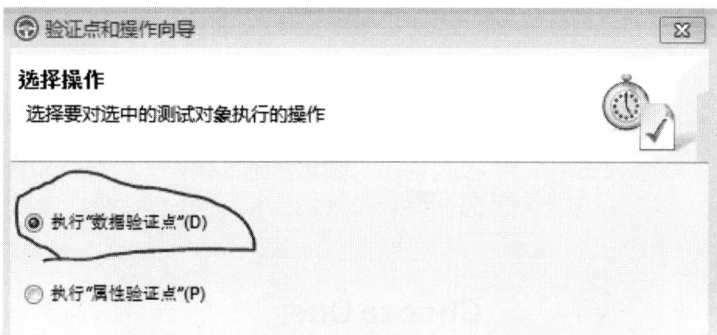

图 3.19 选择操作

将前面在应用程序中选中的复选框对象的文本值作为验证点的基准值，点击"下一步"按钮。

图 3.20 选择数据值

（14）在弹出的"验证点数据"窗口中（图 3.21），可以查看验证点的属性，也可以查看刚刚录制下来的验证点的数据值，点击"完成"按钮。

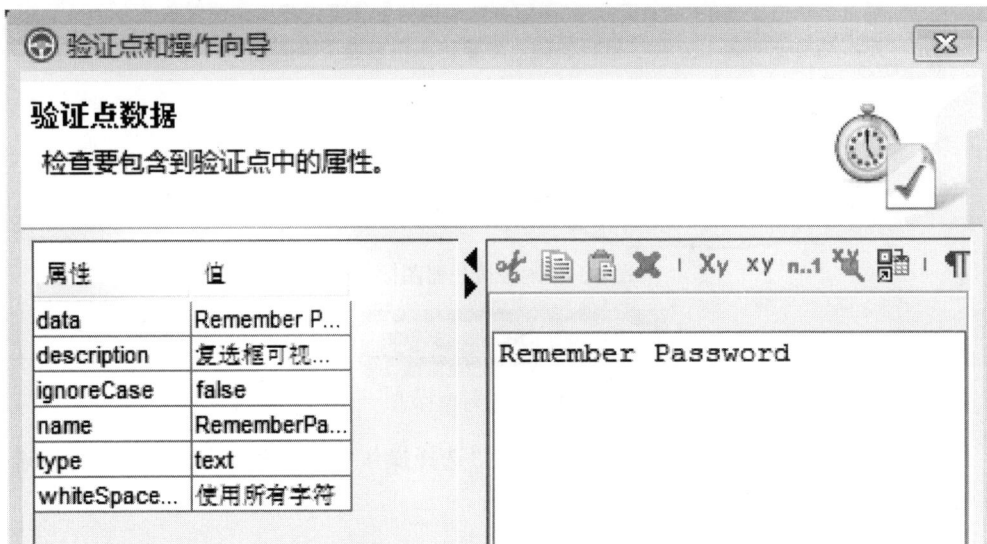

图 3.21　查看验证点数据

（15）返回 ClassicsCD 应用程序，在会员登陆窗口点击"OK"按钮，如图 3.22 所示。

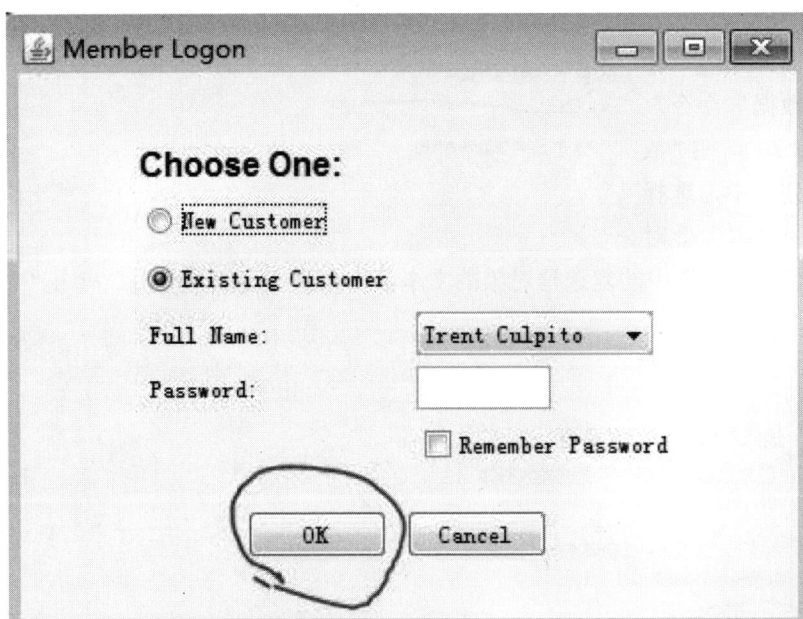

图 3.22　登陆确认

（16）在程序中完成以下的操作，选中"Quantity"输入框，按下键盘上的 Home 键；同时按住 Shift 键和 End 键；按下 Delete 键。输入"10"；按下 Tab 键（或者直接通过鼠标点击选择对应的输入文本框）；在"Card Number"输入框中输入"1234 1234 1234 1234"；按下两次 Tab 键将光标定位到"Expiration Date"输入框；在"Expiration Date"输入框键入"12/11"，完成后的程序主界面如图 3.23 所示。

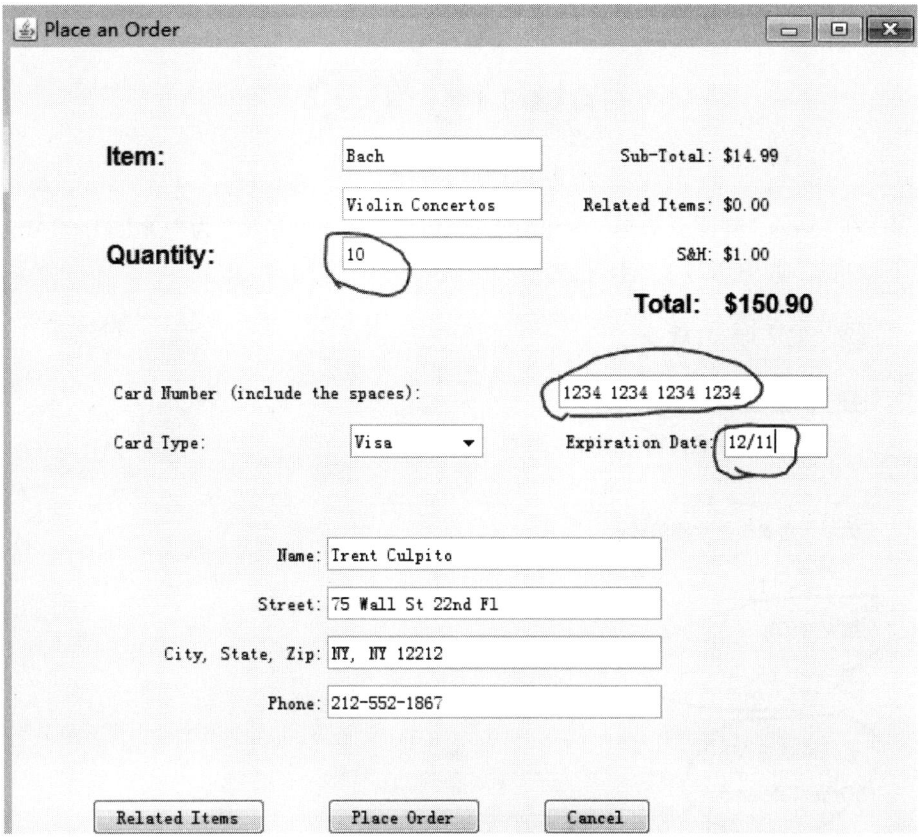

图 3.23 输入订单数据

（17）在录制监视器中，点击"插入验证点和操作命令"按钮录制一个新的验证点，如图 3.24 所示。

图 3.24 录制新的验证点

（18）如果"选择对象后前进到下一页"复选按钮没有选中，选中它，如图 3.25 所示。

图 3.25 选择对象后进到下一页复选框

（19）利用对象选择器选中总金额对象"Total"中的"$150.90"，如图 3.26 所示。

图 3.26 选中总金额对象

（20）在"插入'验证点数据'命令"页中，修改"验证点名称"为"OrderTatalAmount"，点击"下一步"，如图 3.27 所示。

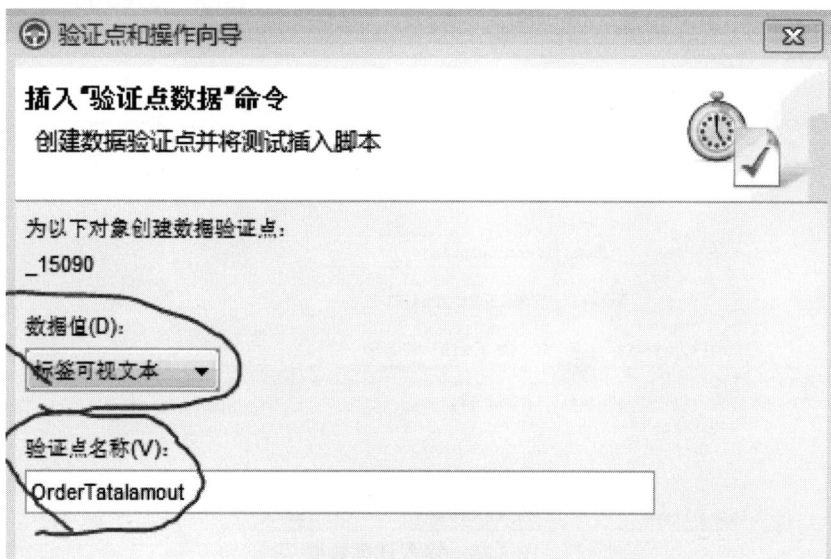

图 3.27 修改验证点名称

（21）在如图 3.28 所示"验证点数据"页中，点击"完成"。

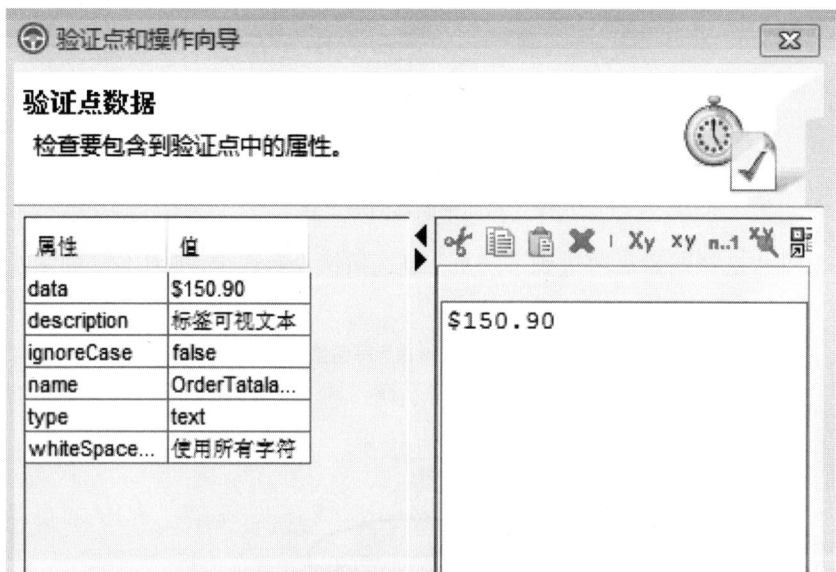

图 3.28 总价验证点的信息

（22）关闭应用程序，然后结束录制。

（23）在功能测试透视图中，在项目视图部分找到新录制的测试脚本并双击，这时在该脚本的代码将显示在 Java Editor 编辑器中，如图 3.29 所示。

（24）在脚本代码中，将鼠标光标定位到验证点对应的代码处（验证点对应的代码包含 performTest()语句）。

（25）在脚本浏览器中选中"验证点"（如果脚本浏览器视图没有打开，点击图 3.29 上方圆圈处的按钮）。

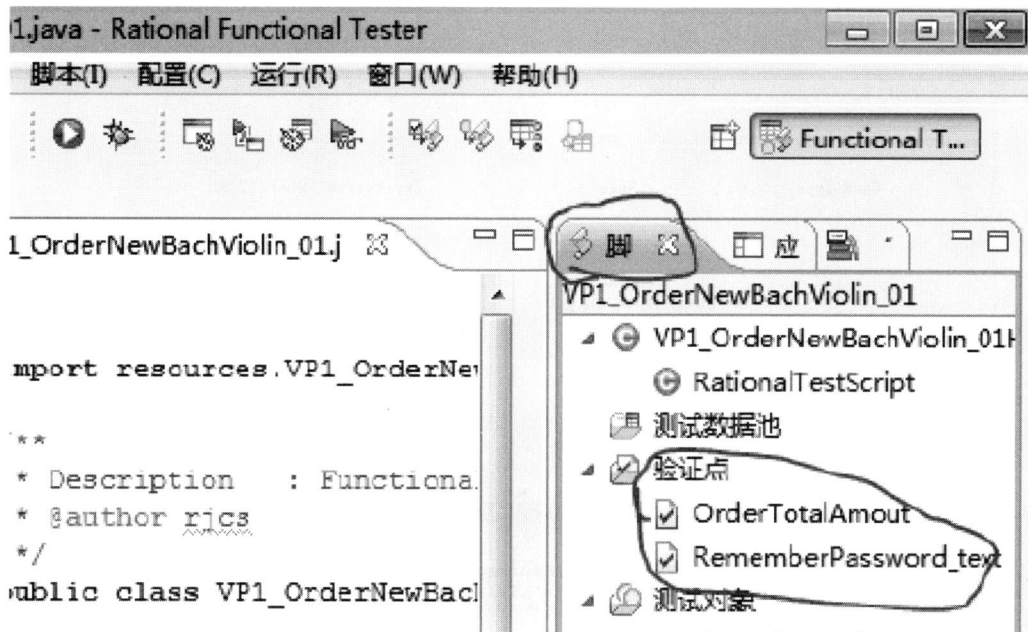

图 3.29　浏览测试脚本的界面

（26）关闭 VP1_OrderNewBachViolin_01 脚本。

（二）录制一个属性验证点

（1）通过录制创建一个新的在 CDProject 项目中的测试脚本，脚本名称命名为"VP2_OrderNewBachViolin_02"，采用默认的专用测试对象图。

（2）启动 ClassicsJavaA 应用程序。

（3）展开"Bach"列表并单击"Violin Concertos"。

（4）点击"Place Order"按钮。

（5）在会员登陆窗口点击"OK"按钮。

（6）如图 3.30，在程序中完成以下的操作，在"Card Number（include the spaces）"输入框中输入"1234 1234 1234 1234"；在"Expiration Date"输入框键入"12/11"。

（7）在录制监视器中，点击"插入验证点和操作命令"按钮录制一个新的验证点。

（8）利用对象选择器，选择"Place Order"按钮作为测试对象，如图 3.31 所示。

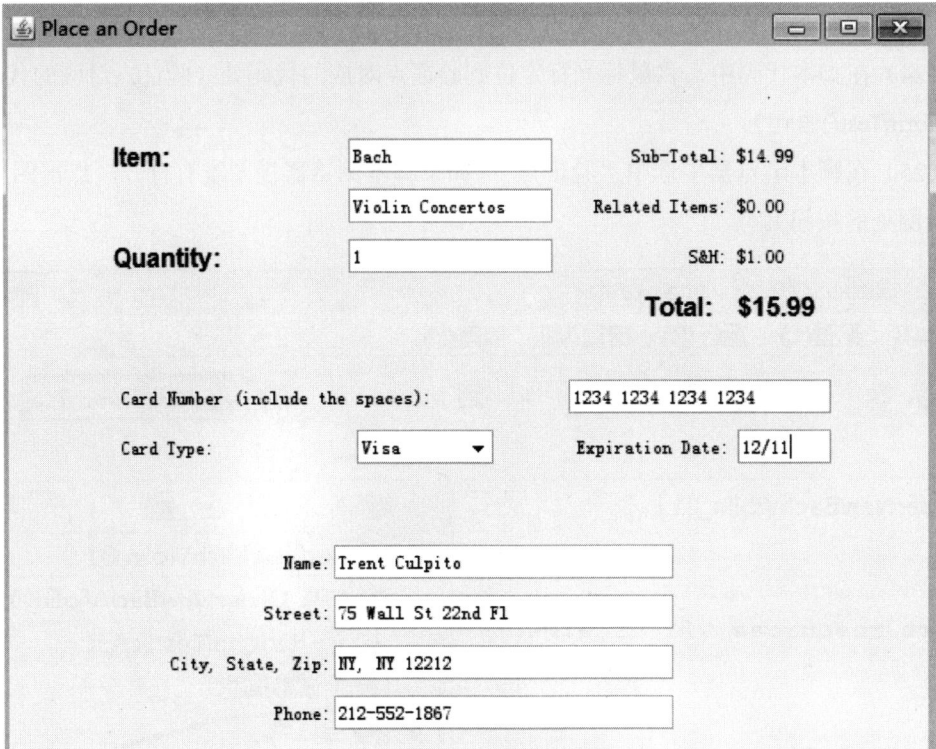

图 3.30　录入订单数据

图 3.31　选择"Place Order"按钮对象

（9）选中对象之后，释放鼠标，此时可以在"对象识别属性"窗口中查看该对象的属性，如图 3.32 所示，点击下一步。

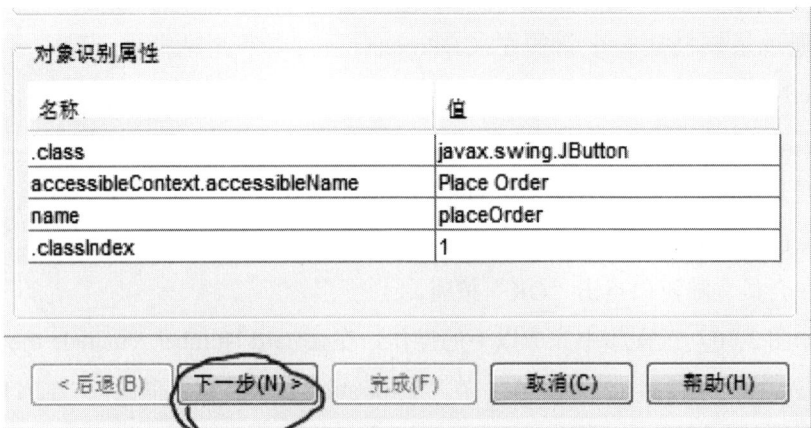

图 3.32　选择测试对象

（10）在选择操作页中，选择"执行'属性验证点'"复选框，如图 3.33 所示，创建该验证点是一个属性验证点，然后按"下一步"。

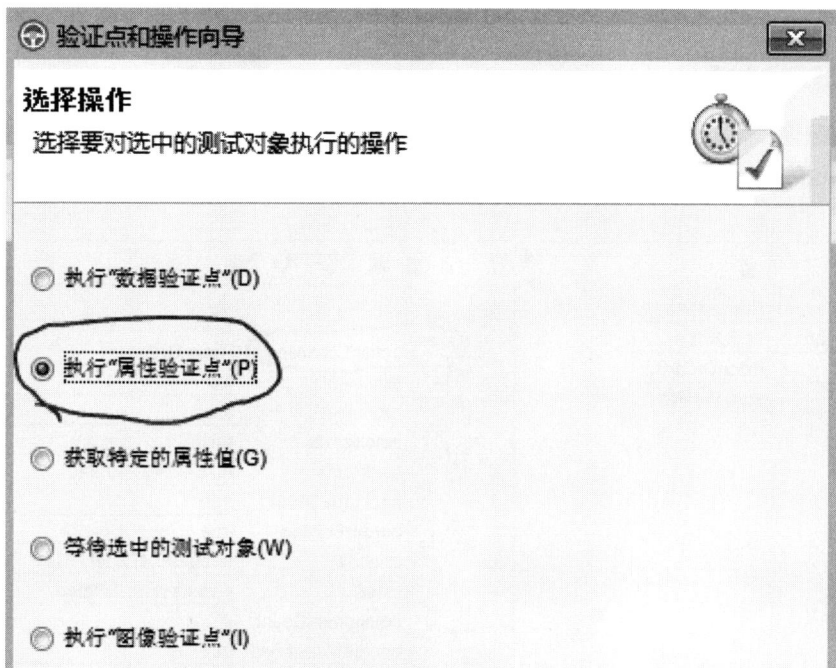

图 3.33 选择完成属性验证点选项

（11）在弹出的"插入'属性验证点'命令"页中，如图 3.34 所示，可以为"Place Order"按钮定义测试属性。这里具体的设置为"包含下级"选择为"无"；修改"验证点名称"为"PlaceOrderButtonProperties"；点击"下一步"。

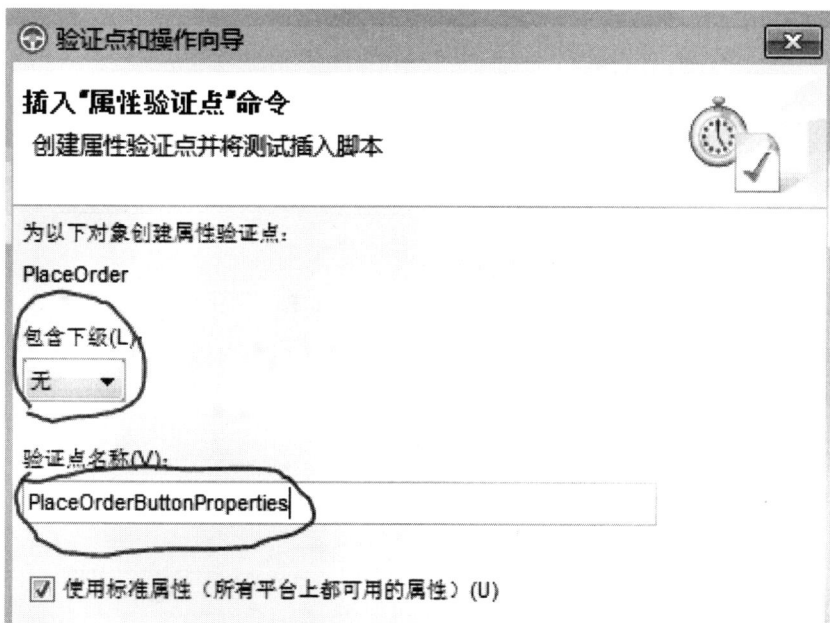

图 3.34 修改验证点名称

（12）改变"验证点和操作向导"窗口的大小以查看右侧面板中显示的该对象的具体

属性和对应的值；找到"actionCommand"属性并将其对应的"checkbox"选中；找到"enabled"属性并选中它；点击"完成"，如图 3.35 所示。

图 3.35　查看对象属性

（13）返回应用程序，继续录制，点击"Place Order"按钮，如图 3.36 所示。

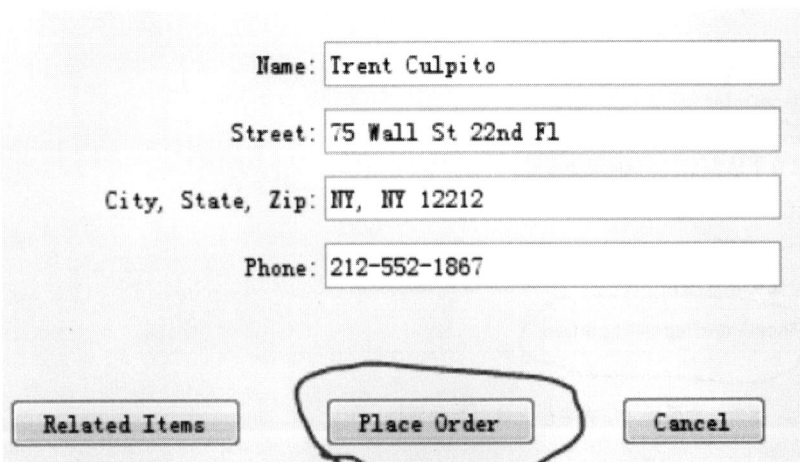

图 3.36　返回继续录制

（14）点击弹出的对话框的"OK"按钮并结束录制。

（15）在功能测试透视图中，找到该项目下刚刚创建的测试脚本。在脚本代码中找到上面创建的关于验证点的代码，如图 3.37 所示。

```
irationDate().click(atPoint(7,5));
ceAnOrder().inputKeys("{Num1}{Num2}/{Num1}{Num1}");
ceOrder2().performTest(PlaceOrderButtonPropertiesVP())
ceOrder2().drag();
```

图 3.37 查找验证点代码

（16）在脚本浏览器视图中定位到刚才创建的列表。

（17）关闭 VP2_OrderNewBachViolin_02 脚本。

（三）在录制的脚本中加入脚本支持的功能

（1）录制一个新的脚本，命名为"SCRIPTSUPPORT_OrderNewBachViolin_03"。

（2）启动 ClassicsJavaA 应用程序。

（3）完成如下操作，点击"Bach"展开该节点；点击"Violin Concertos"；点击"Place Order"。

（4）如图 3.38 所示，在录制监视器中，点击"插入脚本支持命令"按钮。

图 3.38 插入脚本支持命令

（5）在脚本支持功能对话框中，如图 3.39 所示，点击"注释"标签页。输入一段注释，如"Logon"，点击"插入代码"，然后点击"关闭"按钮。

（6）返回应用程序，点击"OK"。

（7）在录制监视器中，点击插入脚本支持命令按钮。

（8）在"脚本支持功能"对话框中，点击"注释"标签页。

（9）键入一段注释，如"Enter Credit card number"。

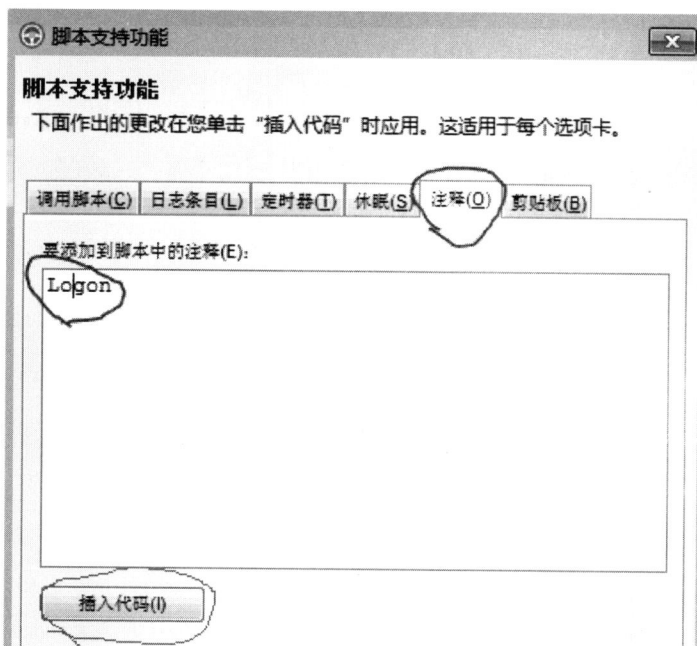

图 3.39 插入注释

点击"插入代码"后点击"关闭",如图 3.40 所示。

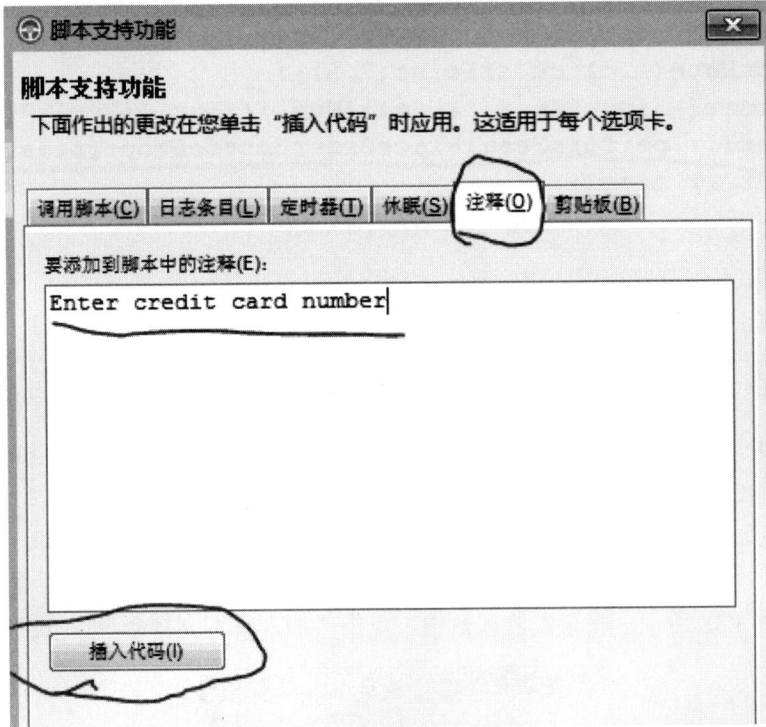

图 3.40   插入另一个注释

（10）返回应用程序，在"Card Number（include the spaces）"输入框中输入"1234 1234 1234 1234"，如图 3.41 所示。

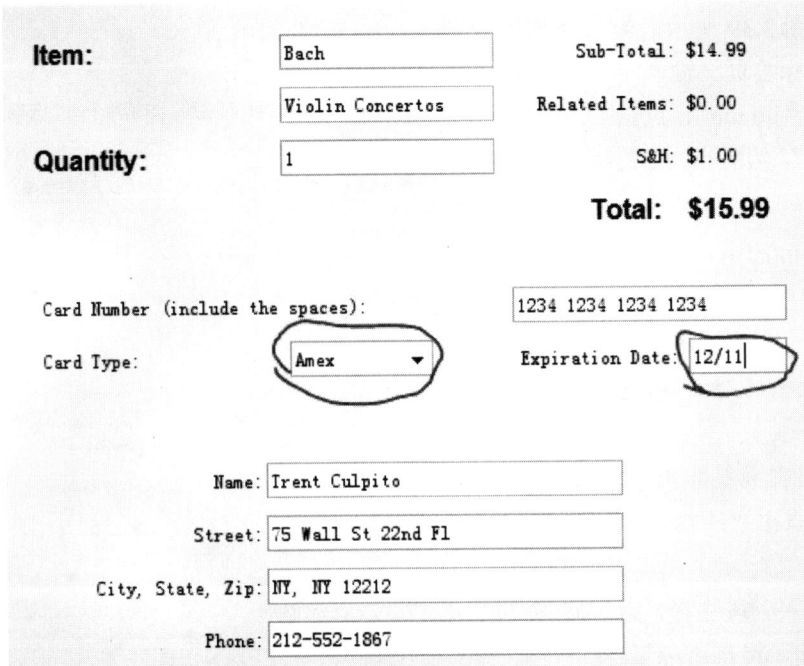

图 3.41   输入数据的界面

（11）使用脚本支持功能再插入一段注释，内容为"Select AMEX as the credit card type."点击"插入代码"和"关闭"，如图 3.42 所示。

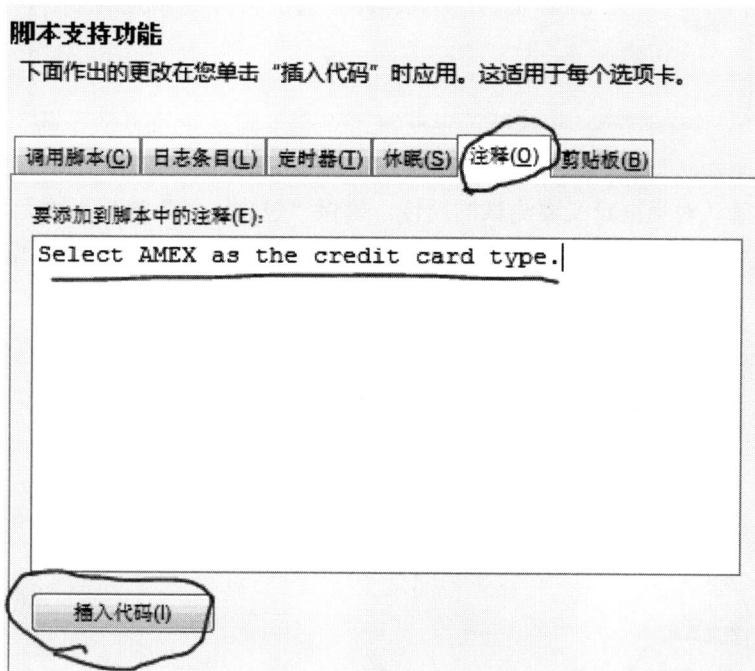

图 3.42 插入第三个注释

（12）在 ClasssicsCD 应用程序中完成以下操作，从"Card Type"下拉列表中选择"AMEX"；在"Expiration Date"处键入"12/11"；如图 3.43 所示，点击"Place Order"按钮。

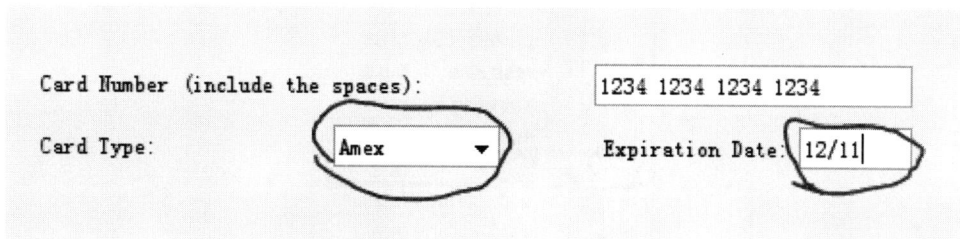

图 3.43 改变 Card Type 的类型

（13）在录制监视器中，点击"插入验证点和操作命令"按钮，如图 3.44 所示

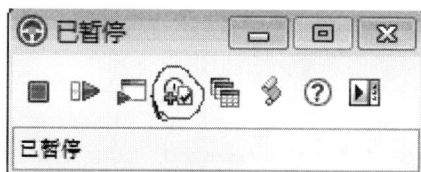

图 3.44 插入一个验证点

（14）拖动对象查找器到消息对话框，将整个消息对话框窗口全部选中，如图 3.45 所示，然后释放鼠标，点击"下一步"。（在选择操作页中，完成属性验证点被默认选中）。

图 3.45　选中整个消息对话框作为验证对象

（15）为确认对话框定义要测试的属性。确保"包含下级"选择为"无"；修改"验证点名称"为"DialogTitle"，如图 3.46 所示；点击"下一步"；找到"title"属性并勾选它；点击"完成"。

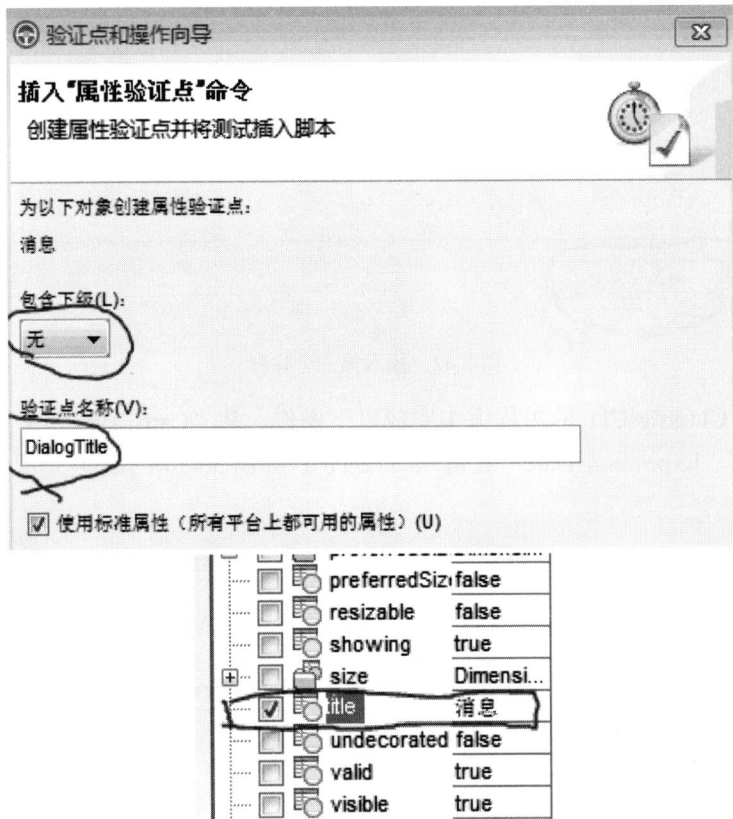

图 3.46　创建属性验证点并将验证点插入脚本

（16）在应用程序中，点击"确定"按钮确认该订单，如图 3.47 所示。

图 3.47　确认订单

（17）点击"插入脚本支持命令"按钮，点击"日志条目"标签页，键入"Order has been placed"。然后点击"插入代码"和"关闭"按钮，如图 3.48 所示。

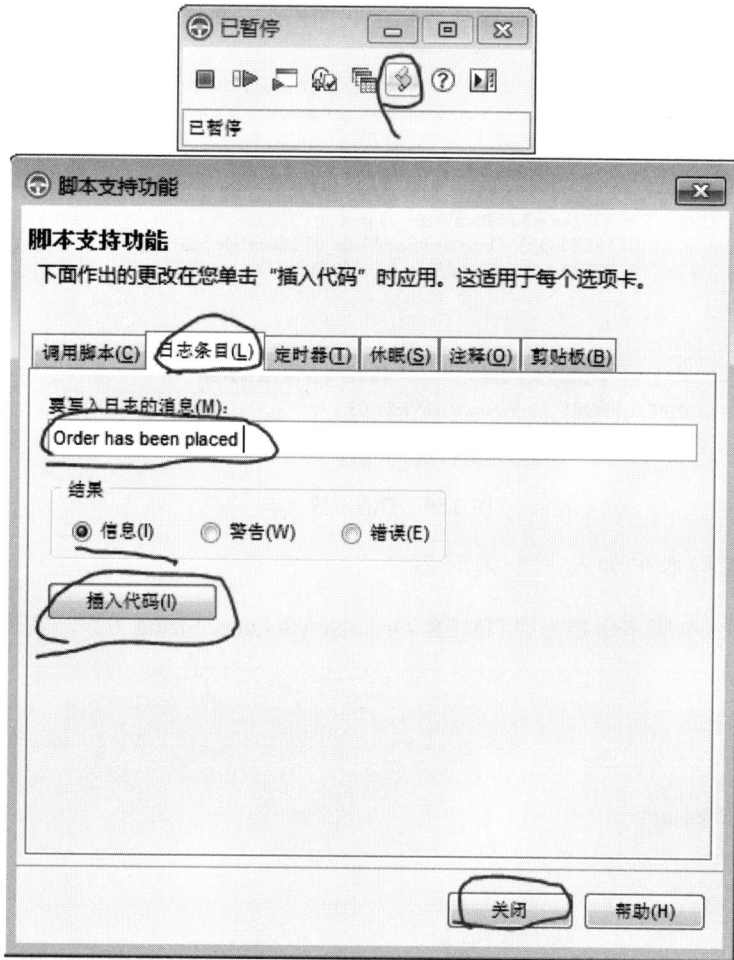

图 3.48 点击插入脚本支持命令

（18）关闭应用程序窗口完成录制。

（19）在功能测试透视图中，找到刚刚录制的脚本，在 Java 编辑器中打开该脚本，定位到脚本中的注释和日志条目的代码处（该部分的代码由以上的操作自动产生），如图 3.49 所示。

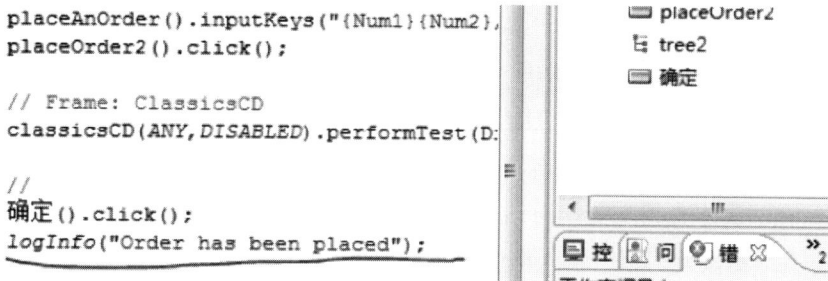

图 3.49 查看脚本中插入的注释

（20）关闭 SCRIPTSUPPORT_OrderNewBachViolin_03。

（21）回放该脚本，通过查看回放结果（注意插入的日志注释"Order has been placed"），可以看到刚才设置的日志条目已在回放过程中起作用了，如图 3.50 所示。

通过	2013年9月9日 上午10时09分29秒	验证点 [DialogTitle] 通过。

- *vp_type* = object_property
- *name* = DialogTitle
- *script_name* = SCRIPTSUPPORT_OrderNewBachViolin_03
- *line_number* = 55
- *script_id* = SCRIPTSUPPORT_OrderNewBachViolin_03.java
- *baseline* = resources\SCRIPTSUPPORT_OrderNewBachViolin_03.DialogTitle.base.rftvp
- *expected* = SCRIPTSUPPORT_OrderNewBachViolin_03.0000.DialogTitle.exp.rftvp

查看结果

	2013年9月9日 上午10时09分29秒	**Order has been placed**

- *script_name* = SCRIPTSUPPORT_OrderNewBachViolin_03
- *line_number* = 59
- *script_id* = SCRIPTSUPPORT_OrderNewBachViolin_03.java

图 3.50　查看回放日志

（四）在脚本中加入一个定时器

（1）录制一个脚本命名为"TIMER_OrderNewSchubertString_02"，如图 3.51 所示。

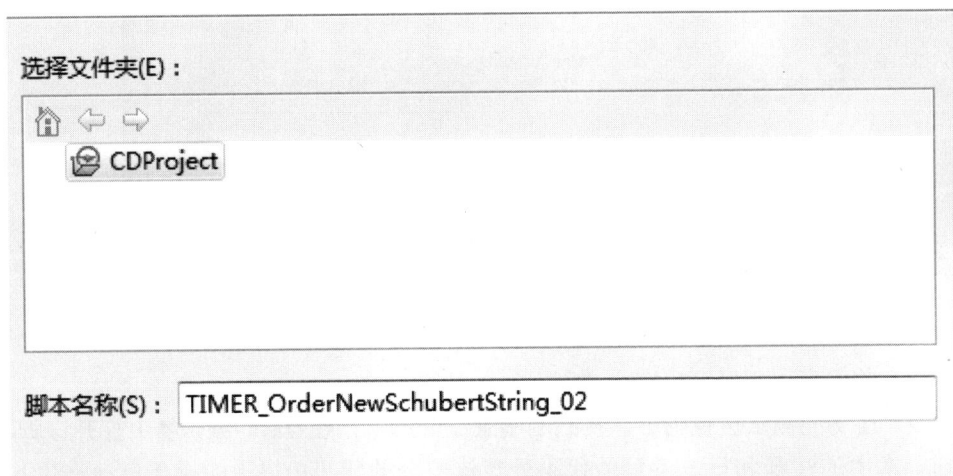

选择文件夹(E)：

CDProject

脚本名称(S)：　TIMER_OrderNewSchubertString_02

图 3.51　新录制一个脚本

（2）启动 ClassicsJavaA 应用程序。

（3）展开"Schubert"节点后单击"String Quartets Nos.4 & 14"项目。点击"Place Order"按钮，用帐号"Trent Culpito"登陆。

（4）在录制监视器中，点击"插入脚本支持命令"按钮。

（5）在"脚本支持功能"对话框中，点击"定时器"标签。

（6）在"启动定时器"输入框中，输入"Order_10"作为定时器的名称，点击"插入代码"然后点击"关闭"，如图 3.52 所示。

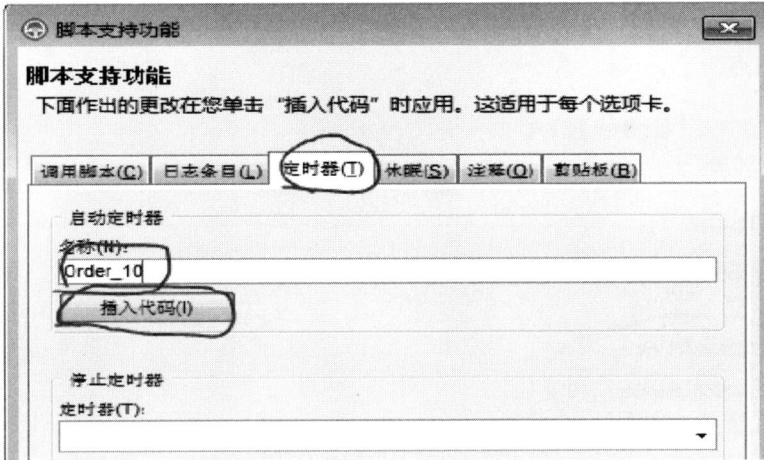

图 3.52 输入定时器名称

（7）在应用程序中完成如下操作，在"Quantity"输入框中，输入"10"；在"Card Number（indude the spaces）"输入框中输入"1234 1234 1234 1234"；在"Expiration Date"输入框键入"12/11"，如图 3.53 所示。

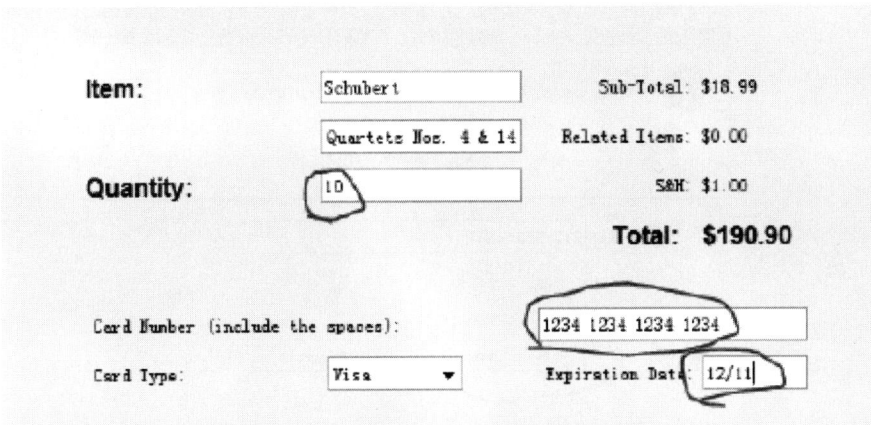

图 3.53 输入对应的数据

（8）在录制监视器中，点击"插入验证点和操作命令"。

（9）利用对象查找器选择总价"Total"作为测试对象，如图 3.54 所示（操作方法见前面的实验）。

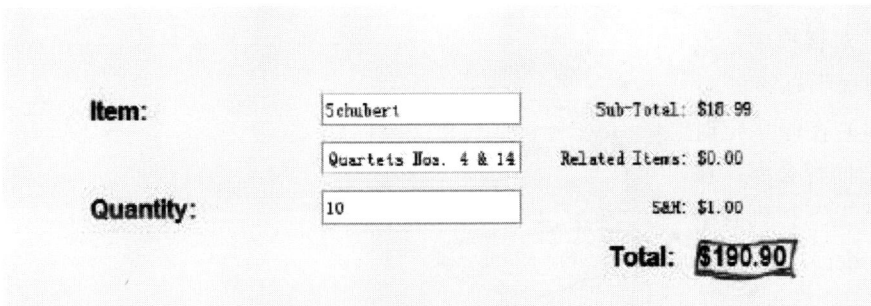

图 3.54 选择总价作为验证测试对象

（10）创建一个数据验证点并命名为"Total SchubertString10"，如图 3.55 所示。点击"下一步"后点击"完成"。

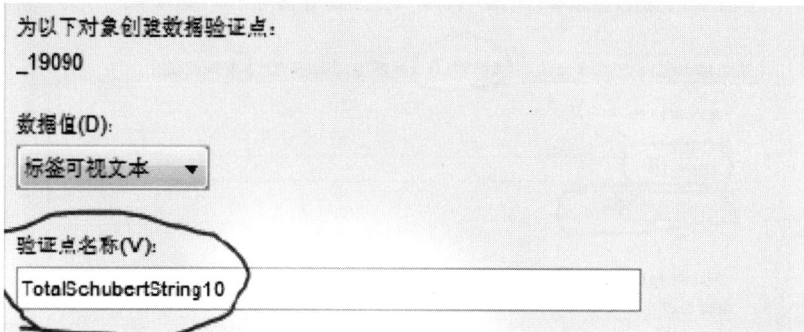

图 3.55 创建数据验证点并命名

（11）在应用程序中，点击"Place Order"和"确定"按钮，如图 3.56 所示。

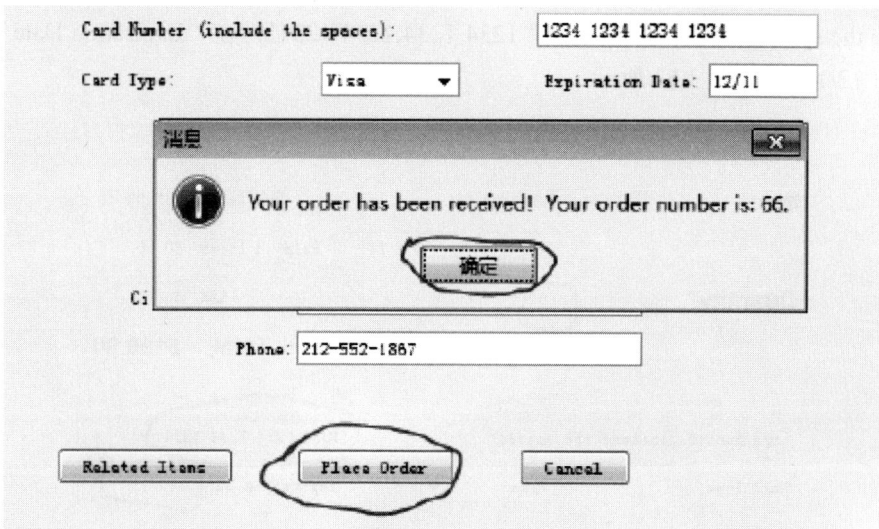

图 3.56 点击"确定"按钮完成订单

（12）在记录监视器中，点击"插入脚本支持命令"按钮。

（13）在"脚本支持功能"对话框中，点击"定时器"标签页。

（14）在停止定时器部分，如有必要，在"定时器"下拉列表中选择"Order_10"，点击"插入代码"后点击"关闭"，如图 3.57 所示。

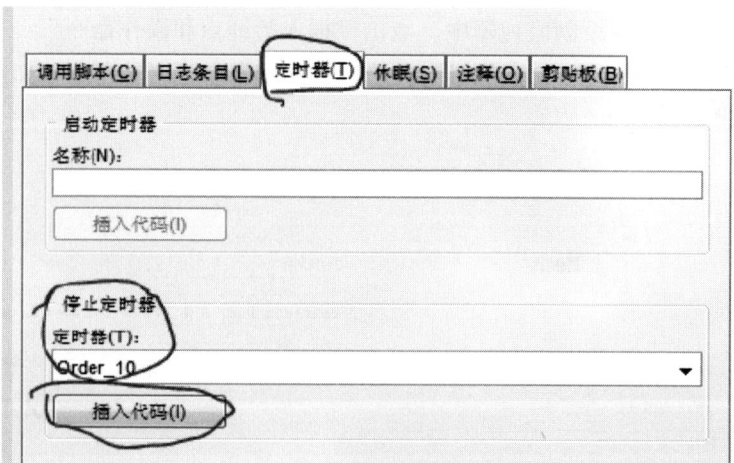

图 3.57 确认停止定时器

（15）关闭应用程序窗口后停止录制。

（16）在功能测试透视图中，找到新录制的脚本。

（17）在脚本代码中，定位到有关定时器的代码，如图 3.58 所示。

```
timerStart("time1");
// Frame: Place an Order
cardNumberIncludeTheSpaces().click(atPoint(36,9));
placeAnOrder().inputChars("3453453");
expirationDate().click(atPoint(10,14));
placeAnOrder().inputKeys("22{BKSP}{BKSP}11/11");
placeOrder2().drag();
//
确定().click();
timerStop("time1");
```

图 3.58　查看有关定时器操作自动生成的代码

（18）关闭 TIMER_OrderNewSchubertString_02 脚本。

（五）在脚本中插入新的录制

当原始录制的脚本不完全满足我们的需要的时候，如原始脚本中遗漏了某个验证点，我们没有必要从头录制新的脚本，可以通过在已有脚本中插入录制的方式将新的脚本片段加入到现有的脚本文件中。

（1）在项目视图中，双击 VP2_OrderNewBachViolin_02 脚本。

（2）在 Java 编辑器中，在输入"Expiration Date"的代码的右边插入一个空行并在新行处键入"stop();"，如图 3.59 所示。

```
placeAnOrder().inputKeys("{
expirationDate().click(atPo
placeAnOrder().inputKeys("{
stop();
placeOrder2().performTest(P
placeOrder2().click();
```

图 3.59　在已有的脚本中插入代码

（3）用缺省的日志信息运行脚本。

（4）检查测试日志并关闭它，如图 3.60 所示。

失败　2013年9月9日 上午11时23分49秒　CRFCN0596E: VP2_OrderNewBa
[VP2_OrderNewBachViolin_02]。

- *exception_name* = com.rational.test.ft.UserStoppedScriptError
- *exception_message* = CRFCN0515E: 已调用 stop() 方法
- *script_name* = VP2_OrderNewBachViolin_02
- *script_id* = VP2_OrderNewBachViolin_02.java
- *line number* = 44

图 3.60　检查测试日志

（5）删除在脚本中的"stop();"语句，再运行脚本，结果如图 3.61 所示（通过以上操作体会手动修改代码的特性）。

| 通过 | 2013年9月9日 上午11时26分34秒 | 验证点 [PlaceOrderButtonProperties] 通过 |

- *vp_type* = object_property
- *name* = PlaceOrderButtonProperties
- *script_name* = VP2_OrderNewBachViolin_02
- *line_number* = 45
- *script_id* = VP2_OrderNewBachViolin_02.java
- *baseline* = resources\VP2_OrderNewBachViolin_02.PlaceOrderButtonProperties.base.rftvp
- *expected* = VP2_OrderNewBachViolin_02.0000.PlaceOrderButtonProperties.exp.rftvp

图 3.61　修改代码运行结果为通过

（6）将光标定位到输入"Expiration Date of 12/11"后面所在的空行。

（7）在工具条中点击"插入录制到活动的功能测试脚本"按钮。

（8）如有必要，先暂停录制，操作应用程序到"Place an Order"窗口显示出来。此时恢复录制，为总价标签加入一个验证点，命名为"TotalBachViolin01"。

（9）停止录制。

（10）如果必要，取消对象图帮助页并关闭对象图对话框。

（11）在应用程序中取消刚才的订单，然后关闭应用程序。

（12）在功能测试透视图中，查看 VP2_OrderNewBachViolin_02 中的新代码，可以看到新录制的脚本代码已经被放置在插入点的地方了，如图 3.62 所示。

```
// Frame: Place an Order
_1599().performTest(TotalBachViolin01VP());

placeOrder2().performTest(PlaceOrderButton
placeOrder2().click();
```

图 3.62　查看新代码

（13）关闭该脚本，如果有提示保存修改，点击"保存"，运行该脚本。

第四章　回放脚本并查看结果

一、基础知识

脚本回放用于执行应用程序，并自动验证功能点是否正常工作。同时，在不同版本的程序中进行脚本回放可以实施回归测试，回归测试的目的是识别最新构建版本可能已经引入的与基线版本不同的地方。用户能够评估这些不同来确定它们是缺陷还是正确的变化。

在完成脚本录制后，在与录制相同的测试程序版本和测试环境下，自动回放应该能够正确地完成。注意，在回放之前，应确保回放时的环境与录制时相一致。在回放期间，可以在回放监视器中查看正在执行的脚本名称，执行到了脚本的哪一行以及动作的状态信息。

回放的结果以日志的形式保留，对日志可以以文本或者 HTML 的格式查看，结果包括任何被记录的事件，比如验证点失败、脚本异常、对象识别警告和其他任何回放的信息。

检验验证点执行情况的一个重要工具是验证点比较器，它被用来在回放带有验证点的脚本后验证验证点的数据，并更新基线文件。如果验证点失败，比较器将显示出期望值和实际值，因此用户能够分析它们之间的不同。然后，能够加载基线文件；并编辑它或者使用来自实际的数据值更新基线文件。用户能够通过点击 Functional Test HTML 日志中的"查看结果链接"打开比较器，（如果有一个失败的验证点，并且使用了 Functional Test 中的日志），也可在 Functional Test 项目视图中选择日志，然后点击右键并选择"失败的验证点"菜单项，此时验证点比较器窗口被打开，如图 4.1 所示。

图 4.1　验证点比较器窗口

当验证点失败时，说明实际结果和预期结果不符合，利用验证点比较器可以详细地查看它们之间的区别，以决定是否更改基线标准或者产生一个缺陷报告。

　　RFT 还支持在回放过程中设置断点以跟踪可能发生的错误，RFT 可以设置回放间隔时间等参数控制回放速度。

二、实验目的

　　（1）掌握回放脚本并观察结果的方法。
　　（2）掌握观察一个定制的日志的方法。
　　（3）掌握观察一个含有验证点的脚本的回放结果。
　　（4）学会使用验证点比较器。
　　（5）掌握在脚本中插入断点的方法。
　　（6）掌握设置 RFT 的环境选项的方法。

三、实验内容

　　（1）执行回放脚本并观察结果的方法。
　　（2）观察一个定制的日志。
　　（3）观察一个含有验证点的脚本的回放结果。
　　（4）使用验证点比较器对比验证点。
　　（5）在脚本中插入断点。
　　（6）设置 RFT 的环境选项。

四、实验步骤

（一）回放脚本并查看结果

　　（1）打开功能测试透视图。
　　（2）在功能测试项目视图中，找到"TIMER_OrderNewSchubertString_02"脚本并双击它（该脚本是之前完成的包含计时器的脚本，双击后在 Java 编辑器中打开它），如图 4.2 所示。

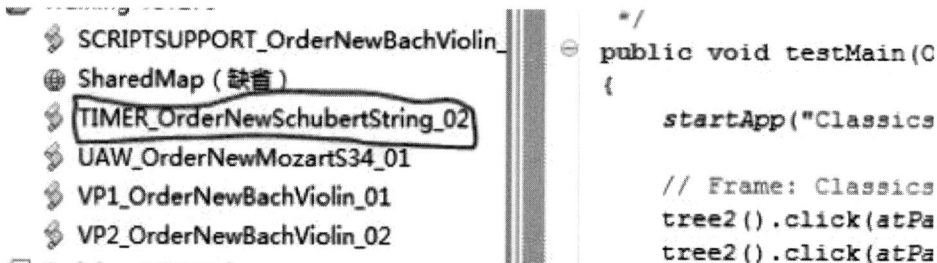

图 4.2　打开之前创建的脚本

　　（3）在功能测试工具栏中，点击运行功能测试脚本按钮来回放选中的脚本。
　　（4）在选择日志对话框中，使用默认的设置，点击"完成"，如图 4.3 所示。

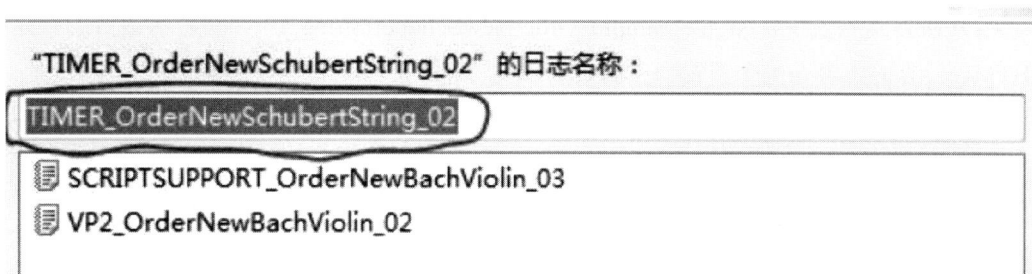

"TIMER_OrderNewSchubertString_02" 的日志名称：

TIMER_OrderNewSchubertString_02

SCRIPTSUPPORT_OrderNewBachViolin_03

VP2_OrderNewBachViolin_02

图 4.3　选择日志文件名称为默认的文件名

（5）当回放完成后，查看日志，用滚动条滚动日志查看所有的信息，如图 4.4 所示。

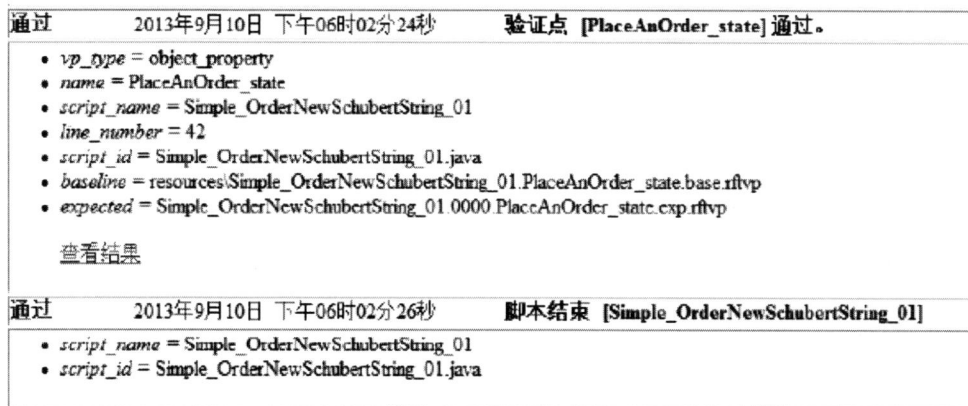

通过　　2013年9月10日 下午06时02分24秒　　验证点 [PlaceAnOrder_state] 通过。

- *vp_type* = object_property
- *name* = PlaceAnOrder_state
- *script_name* = Simple_OrderNewSchubertString_01
- *line_number* = 42
- *script_id* = Simple_OrderNewSchubertString_01.java
- *baseline* = resources\Simple_OrderNewSchubertString_01.PlaceAnOrder_state.base.rftvp
- *expected* = Simple_OrderNewSchubertString_01.0000.PlaceAnOrder_state.exp.rftvp

查看结果

通过　　2013年9月10日 下午06时02分26秒　　脚本结束 [Simple_OrderNewSchubertString_01]

- *script_name* = Simple_OrderNewSchubertString_01
- *script_id* = Simple_OrderNewSchubertString_01.java

图 4.4　查看回放日志

（6）在日志中定位到"停止计时器：Order_10"事件上，注意观察每个事件所提供的各种信息，这里观察一下附加的信息属性，它显示了计时器计算出的时间间隔，如图 4.5 所示。

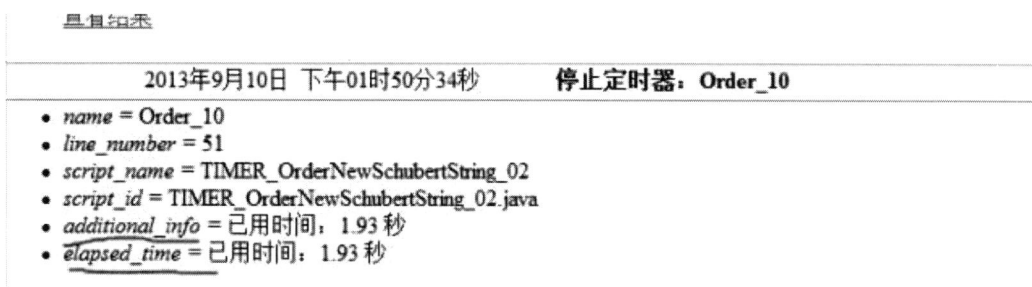

查看结果

2013年9月10日 下午01时50分34秒　　**停止定时器：Order_10**

- *name* = Order_10
- *line_number* = 51
- *script_name* = TIMER_OrderNewSchubertString_02
- *script_id* = TIMER_OrderNewSchubertString_02.java
- *additional_info* = 已用时间：1.93 秒
- *elapsed_time* = 已用时间：1.93 秒

图 4.5　查看计时器信息

（7）关闭日志事件窗口。

（8）关闭 TIMER_OrderNewSchubertString_02 脚本。

（二）查看一个定制的日志

有时我们希望查看一下之前回放脚本所生成的日志，通常可以选择一个日志并以 HTML 的方式查看。

（1）在"Functional Test 项目"中，展开"CDProject_logs"图标。

（2）在日志列表中，双击"Simple_OrderNewSchubertString_01"以显示该日志，这时 HTML 日志的内容在一个新窗口中打开。

（3）双击一个其他的日志。

（4）关闭所有打开的日志窗口。

（三）查看包含验证点的脚本的回放结果

（1）运行 VP1_OrderNewBachViolin_01 脚本（这是之前实验完成的含有验证点的脚本），如图 4.6 所示。

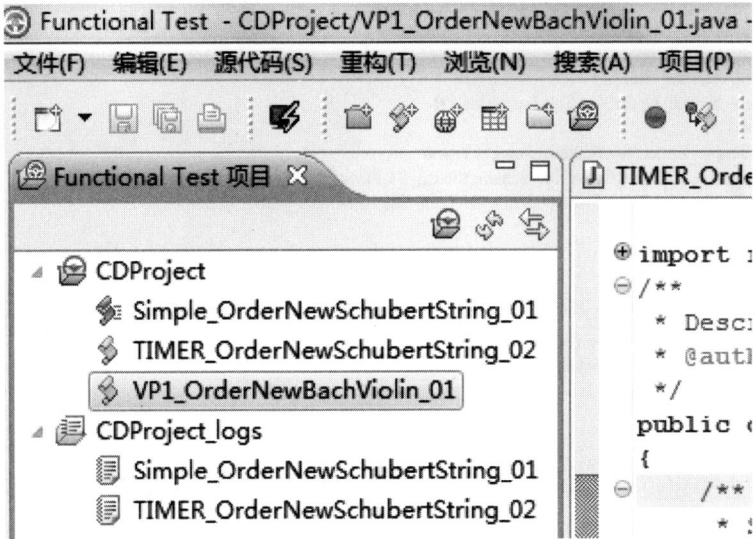

图 4.6　打开并运行一个新的脚本

（2）在选择日志对话框中，使用默认设置，点击"完成"按钮。

（3）观察在功能测试回放监视器中显示的回放操作和提示信息。

（4）回放结束，回放报告显示在浏览器窗口中，在浏览器上，定位到要观察的验证点处，如图 4.7 所示。

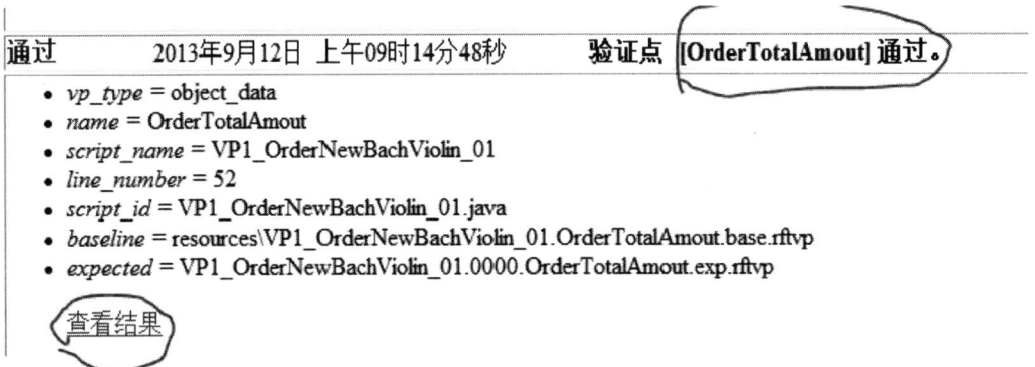

图 4.7　查看带有验证点的回放日志信息

（5）点击查看结果超链接（将打开"验证点编辑器"窗口），如图 4.8 所示。

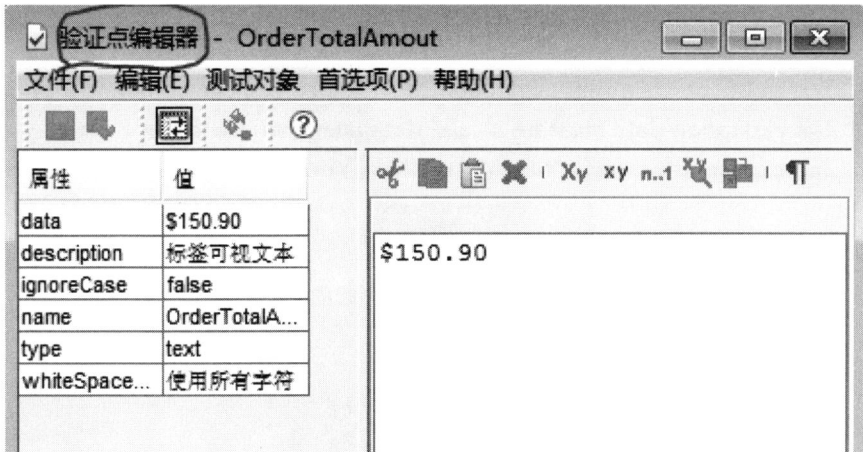

图 4.8　验证点编辑器窗口

（6）观察一下右边面板中的验证点的值，应该与回放中产生的值保持一致。

（7）关闭验证点编辑器。

（8）关闭测试日志。

（四）使用验证点比较器

（1）如果 VP1_OrderNewBachViolin_01 脚本没有打开，在功能测试透视图中打开它。

（2）编辑脚本代码，将 "startApp("ClassicsJavaA")" 改为 "startApp("ClassicsJavaB")"（ClassicsJavaB 是 ClassicsJavaA 程序的改进版本，界面和功能上较 A 版本有所不同），如图 4.9 所示。

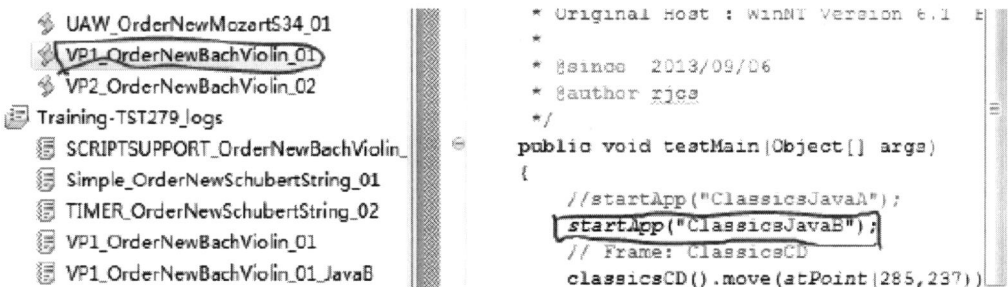

图 4.9　修改脚本代码

（3）运行 VP1_OrderNewBachViolin_01 脚本。

（4）在选择日志对话框中，在日志名称文本后面加入 "JavaB" 字符串，点击"完成"。

（5）观察在功能测试回放监视器中显示的回放操作和提示信息。回放时在会员登陆窗口将运行更长的时间，这是因为 JavaB 版本在该窗口处与 JavaA 有点不同。在输入订购信息窗口中可能会发生错误使回放无法继续，一个常见的原因是 JavaB 中的 Expriation Time 要求在当前时间之后，如果在之前的脚本录制中该字段不能满足这个要求，则导致验证失败，回放无法继续，可以通过修改脚本代码解决这一问题，如图 4.10 和图 4.11 所示，将"12/11"改为"12/15"。

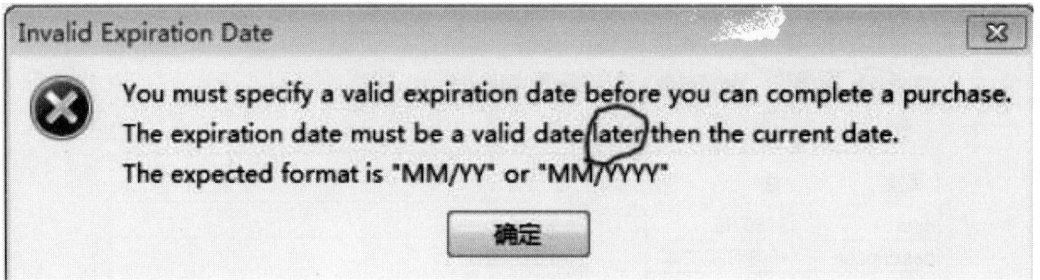

图 4.10　由于时间问题引起的错误

```
// Frame: Place an Order
quantity().click(atPoint(20,5));
placeAnOrder().inputChars("0");
cardNumberIncludeTheSpaces().click(atPoint(14,9));
placeAnOrder().inputChars("1234123412341234");
expirationDate().click(atPoint(11,10));
placeAnOrder().inputChars("12/15");
_15090().performTest(OrderTotalamountVP());
placeOrder2().click();
```

图 4.11　修改脚本以修改过期时间

（6）当回放结束，日志被打开，定位到之前脚本设置的验证点处。

（7）在失败的验证点处，点击"查看结果"超链接，如图 4.12（通过该链接可以启动验证点比较器窗口，有些情况下可能不能正常打开该窗口，可能是浏览器的原因，请使用最新版本的 IE 浏览器或者使用火狐 Firefox 浏览器；如果仍不能打开，可采用一种替代打开比较器的方法，方法为通过在项目视图中，右击要查看的日志，在菜单中选择"失败的验证点"）。

失败	2013年9月12日 上午09时52分42秒	验证点 [RememberPassword_text] 失败。

- *vp_type* = object_data
- *name* = RememberPassword_text
- *script_name* = VP1_OrderNewBachViolin_01
- *line_number* = 38
- *script_id* = VP1_OrderNewBachViolin_01.java
- *baseline* =
  resources\VP1_OrderNewBachViolin_01.RememberPassword_text.base.rftvp
- *expected* = VP1_OrderNewBachViolin_01.0000.RememberPassword_text.exp.rftvp
- *actual* =
  VP1_OrderNewBachViolin_01.0000.0000.RememberPassword_text.act.rftvp

查看结果

图 4.12　查看失败的验证点

（8）在验证点比较器窗口中，观察该验证点的期望值和真实值之间的差异（这种差异是由于程序版本不同造成的），如图 4.13 所示。

图 4.13 观察验证点的期望值和真实值的差异

（9）关闭验证点比较器窗口。

（10）关闭测试日志，关闭 VP1_OrderNewBachViolin_01 脚本。

（五）在脚本中插入断点

该部分介绍一些关于功能测试器调试方面的性能。

（1）在项目视图中，双击"TIMER_OrderNewSchubertString_02"脚本并打开它（该脚本包含了一个定时器）。

（2）在 Java 编辑器中，定位到"startApp"命令其后所在的行。将光标定位在该行左侧的标记条上，右击鼠标，在弹出的快捷菜单中选择"切换断点"菜单项（如果该行是一个注释行，则断点将插入在下一行上），如图 4.14 所示。

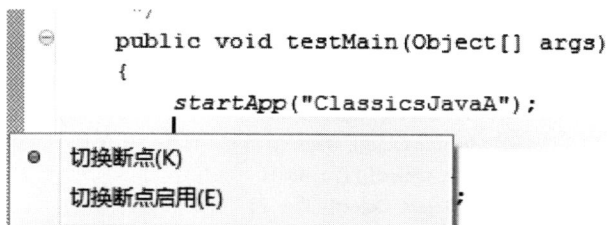

```
        public void testMain(Object[] args)
        {
            startApp("ClassicsJavaA");
    切换断点(K)
    切换断点启用(E)
```

图 4.14 插入断点

（3）在脚本中，定位到输入"信用卡过期时期 Credit card expiration date"，插入一个新的断点，如图 4.15 所示。

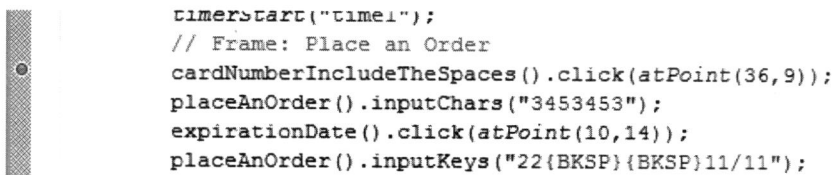

```
timerStart("timer1");
// Frame: Place an Order
cardNumberIncludeTheSpaces().click(atPoint(36,9));
placeAnOrder().inputChars("3453453");
expirationDate().click(atPoint(10,14));
placeAnOrder().inputKeys("22{BKSP}{BKSP}11/11");
```

图 4.15 插入新的断点

（4）点击工具栏上的"调试功能测试脚本"按钮。

（5）在选择日志对话框中，直接点击"结束"。如果提示"是否覆盖现有的日志文件"，点击"是"（此时回放过程开始）。

（6）当弹出"确认切换透视图"消息框时，点击"是"按钮，这将在调试模式下回放该脚本，如图 4.16 所示。

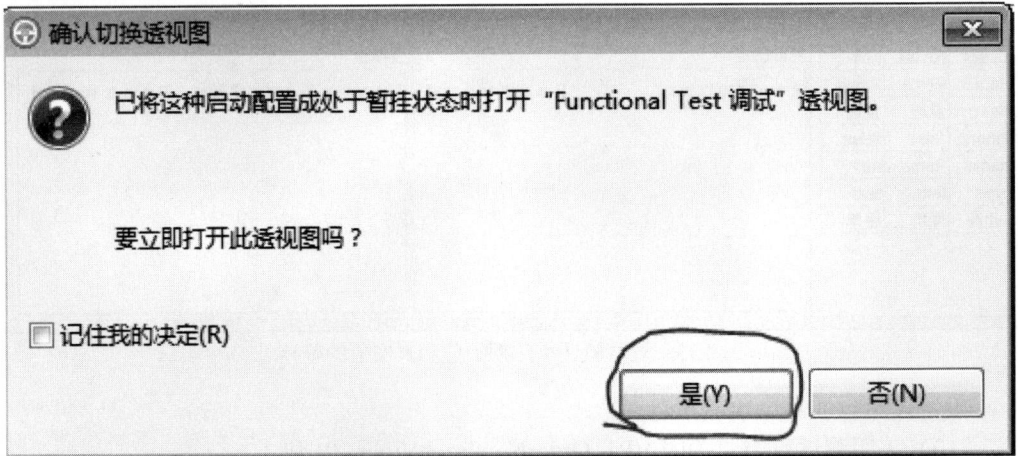

图 4.16　确认切换透视图

（7）当遇到第一个断点时停止执行，在功能测试调试透视图中，点击"调试"标签页并展开面板查看在调试过程中有哪些信息被显示出来，包括有断点、脚本和控制台窗口中的信息，如图 4.17 所示。

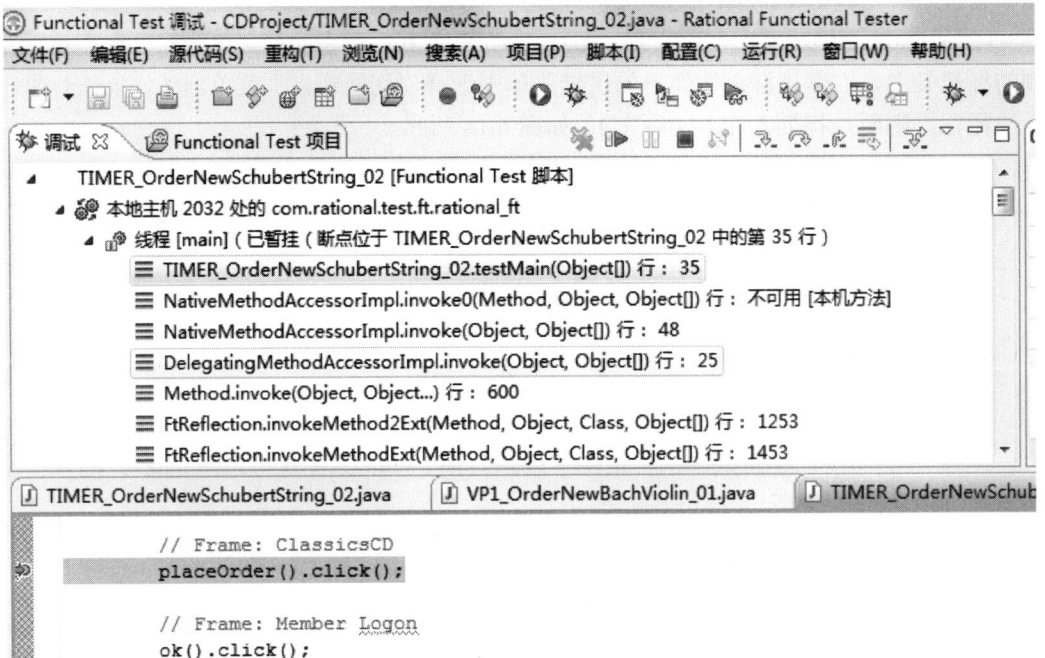

图 4.17　在调试过程中查看调试信息

（8）在 Java 编辑器中，注意到断点处（程序暂停处）所在的行已经用绿色标记出（具体颜色可能和系统设置有关）。

（9）双击"调试"标签页展开它，注意观察挂起的信息部分。

（10）最小化 Function Test 调试器窗口，应该观察到应用程序已经启动了。

（11）恢复到 Function Test 调试器窗口。

（12）点击调试视图中的"恢复"按钮以使得应用程序继续运行，如图 4.18 所示。

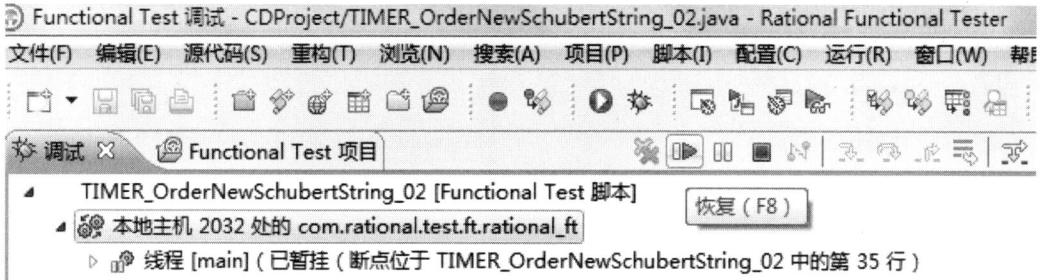

图 4.18　继续运行

（13）脚本将继续运行直到遇到下一个断点，这时观察一下 ClassicsCD 应用程序窗口，看看程序在哪里停止运行（此时光标应该在"expiration Date"输入域），如图 4.19 所示。

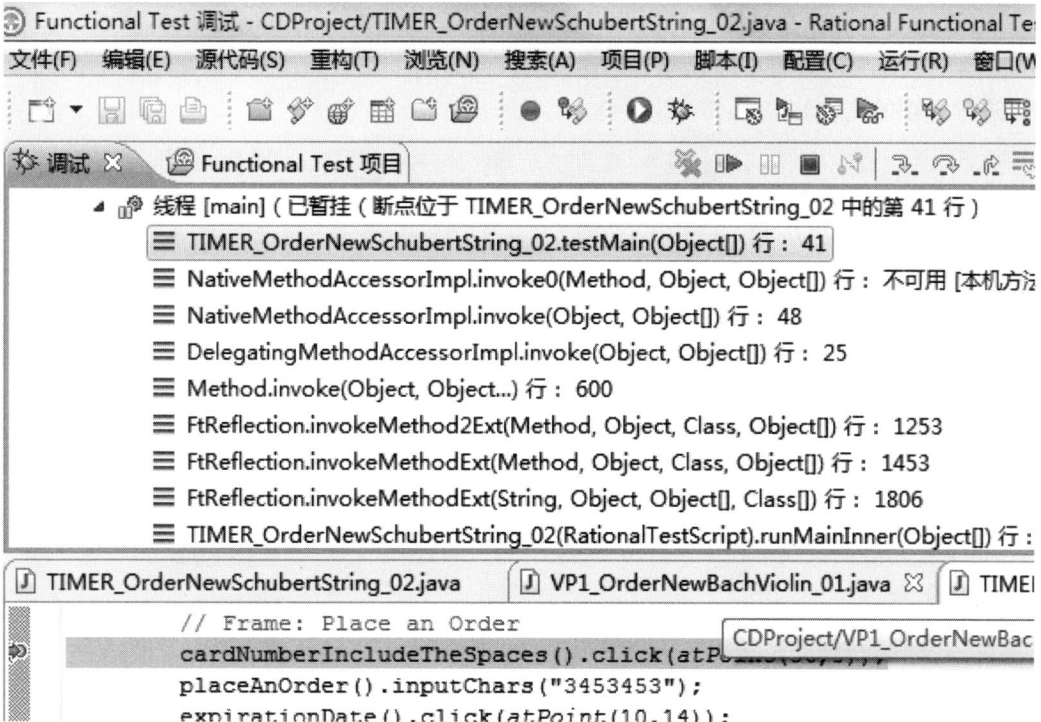

图 4.19　在第二个断点处停止运行

（14）返回 Function Test 调试器透视图，点击"恢复"按钮完成脚本的运行。

（15）关闭日志文件，双击调试标签页使其位于缺省的位置处。

（16）在功能测试透视图中，选中脚本视图，删除刚才设置的断点（通过右击鼠标，在快捷菜单中选择"切换断点"，如图 4.20 所示。

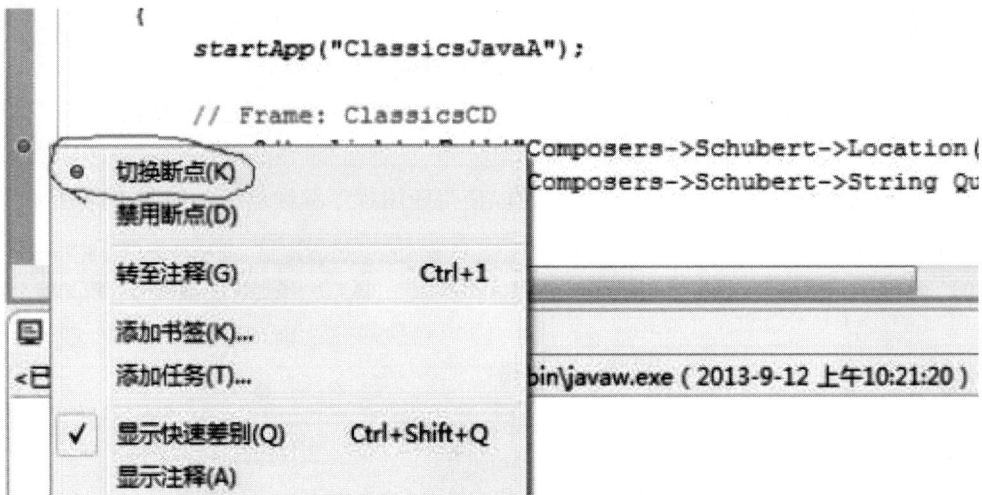

图 4.20　删除已经设置的断点

（17）关闭 TIMER_OrderNewSchubertString_02 脚本。

（六）设置功能测试的回放参数选项

（1）在功能测试透视图中，选择"Simple_OrderNewSchubertString_01"脚本并运行它，观察回放结果，如图 4.21 所示（这样做的目的是为了和后面改变了性能参数后的回放结果进行直观的比较）。

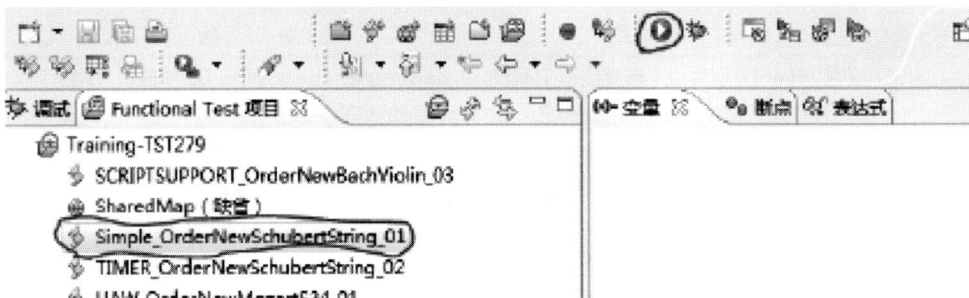

图 4.21　选择脚本并运行

（2）结束测试日志。

（3）在功能测试菜单栏中，点击"窗口"→"首选项"，如图 4.22 所示。

（4）在左侧面板中，点击"Function Test"旁边的"+"号展开功能测试的项目（这里将显示出可以设置的参数类别）。

（5）在左侧面板中，点击"回放"（常用的与回放有关的设置项目将被显示在右侧面板中）。

（6）点击"+"号展开"回放"项目，点击"鼠标延迟"。点击"其他延迟"，对应的回放延迟选项被显示在右侧面板中，如图 4.23 所示。

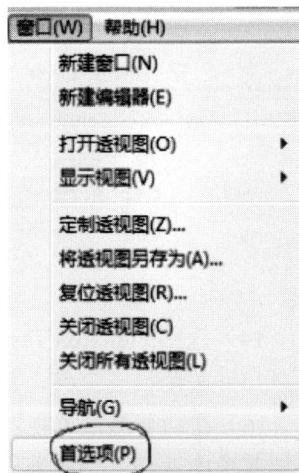

图 4.22　选择首选项菜单

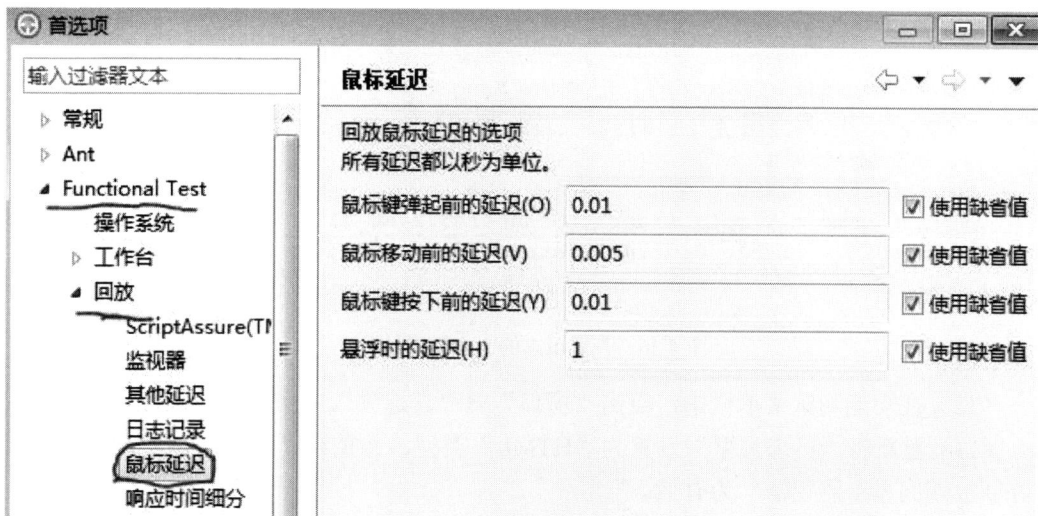

图 4.23　设置回放延迟选项

（7）在左侧面板中，点击"监视器"，如图 4.24 所示（有关回放监视器的选项设置被显示在右侧面板中），回放脚本并查看结果。

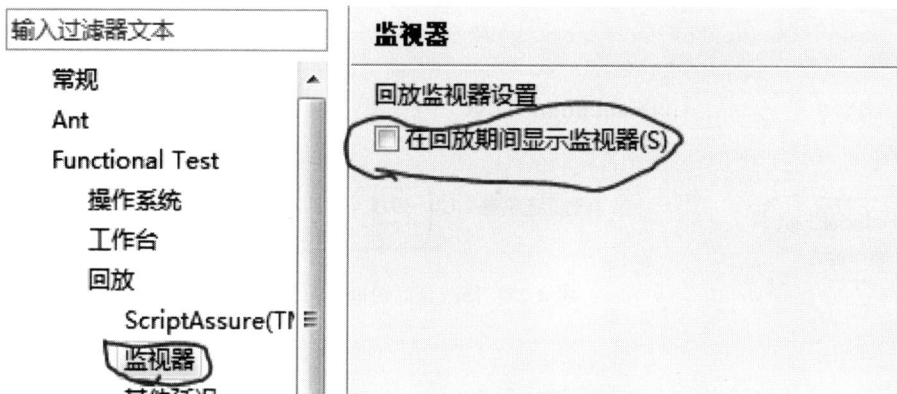

图 4.24　设置回放监视器选项

（8）清除"在回放期间显示监视器"复选框。

（9）在左侧面板中，点击"日志记录"，"日志类型"选项被显示在右侧面板中。

（10）清除使用默认的复选框，点击下拉菜单，选择"text"，如图 4.25 所示。点击"确认"。

图 4.25　设置日志记录类型

（11）运行该脚本文件，覆盖已有的日志文件，回放结束后，观察日志文件（text 类型的日志文件将直接在功能测试器中的工作空间的一个标签页中打开），如图 4.26 所示。关闭日志窗口。

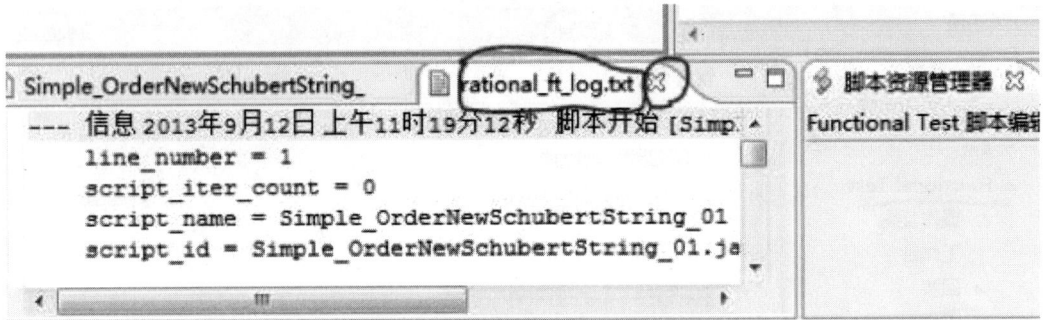

图 4.26　查看日志的文本类型显示

（12）在功能测试菜单栏中，点击"窗口"→"首选项"。

（13）重新将"日志类型"设置为"HTML"类型，并重设"回放监视器设置"选项"在回放期间显示监视器"为有效。

（14）在左侧面板中，点击"Functional Test"。"将所有时间选项乘以"设置项被显示在右侧面板中。清除默认的值，将该值设置为"30.0"，点击"确定"（这将导致延时增加），如图 4.27 所示。运行该脚本，关闭日志文件。重新设置"将所有时间选项乘以"为默认的值。

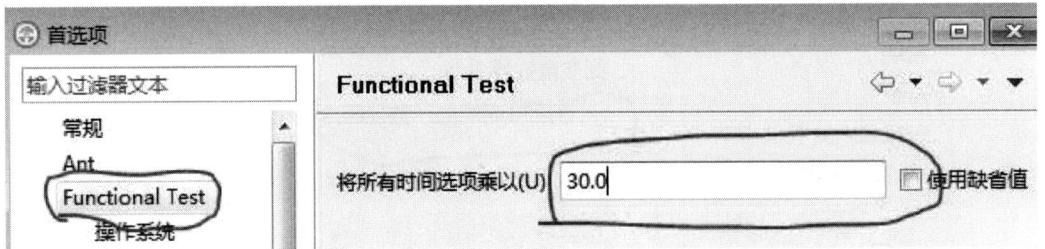

图 4.27　修改延时时间

第五章　扩　展　脚　本

一、基础知识

实验环境的脚本选项为 Rational Functional Tester Java scripting，测试脚本是使用 Java 语言进行编写的，一个 Functional Teste 脚本存在于一个类的层次结构中，并从相应的父类继承而来，其类层次结构如下：

Rational Test Script 类提供了基础的功能，它是所有 Functional Tester 脚本的根层次，每一个测试脚本都从这个类扩展而来。例如，我们可以重载缺省的事件处理器（event handler）来提供自己的应用程序特定的事件处理器。

helper super 类（可选的）提供了对基础级别方法的重载的支持。

script helper 类提供了为访问测试对象和验证点特定的脚本方法。这些特定脚本的方法简化了脚本命令并改进了 Functional Tester 脚本的可读性，但是不应该去编辑 script helper 类。

Functional Tester script 包含了被录制的或者脚本化的命令，这些命令构成了一个特定的功能测试。我们能够通过与 Functional Tester 项目相关联的模板文件定制 Functional Tester script 类和 script helper 类的格式。

一个测试脚本是一个由 Java 语句组成的文本文件，它是由 Functional Tester 在录制脚本过程中生成的，并且可以向其中手工添加语句。当测试脚本被回放时，Functional Tester 通过执行脚本中的语句来重现功能测试的动作。一个功能测试脚本通常包括四个主要部分，第一，是由 Rational Test Script 类继承来的方法，比如 startApp()；第二，是在测试对象上调用的方法，比如 Click() 或者 Drag()；第三，是执行验证点的语句；第四，是实际需要的但是没有被 RFT 生成的 Java 代码。通过手工的修改脚本的代码可以增加脚本处理回放过程的灵活性，理解了脚本的运行机制，掌握了脚本修改方法之后，有助于在后期对脚本进行维护，也有助于在脚本回放过程中遇到错误时对脚本进行跟踪和改正。

二、实验目的

本实验练习中，将介绍和 Java 脚本语言有关的一些功能，这些功能有助于更好地测试应用程序；另外，这些练习也将加强对脚本录制和回放的有关概念的理解。

（1）熟悉功能测试脚本的主要组成部分。

（2）掌握编辑由 RFT 产生的功能测试脚本的方法。

（3）掌握修改脚本获取消息对话框的方法。

（4）掌握通过改写脚本修改性能参数的方法。

（5）掌握通过改写脚本处理异常窗口的方法。

三、实验内容

（1）录制一个脚本，加入显示消息对话框的代码，回放该脚本。

（2）录制脚本，加入代码设置某些选项设置并回放脚本。

（3）运行一个会产生异常活动窗口的示例脚本。

（4）编辑脚本以捕获一个异常活动窗口并回放该脚本。

（5）创建一个帮助类将处理异常活动窗口的代码转移到该类中。

四、实验步骤

（一）创建一个消息提示框

（1）创建一个脚本，命名为"MSG_OrderNewHaydnViolin_01"。

（2）启动 ClassicsJavaA 应用程序。

（3）展开 Haydn 文件夹并点击 Violin Concertos。

（4）点击"Place Order"按钮。

（5）在会员登陆对话框中，点击"OK"按钮。

（6）完成如下操作，在"Card Number（include the spaces）"框内录入"1234 1234 1234 1234"；在过期"时间 Expiration Date"框内录入"12/11"；确保数量"Quantity"框内值为"1"，如图 5.1 所示。

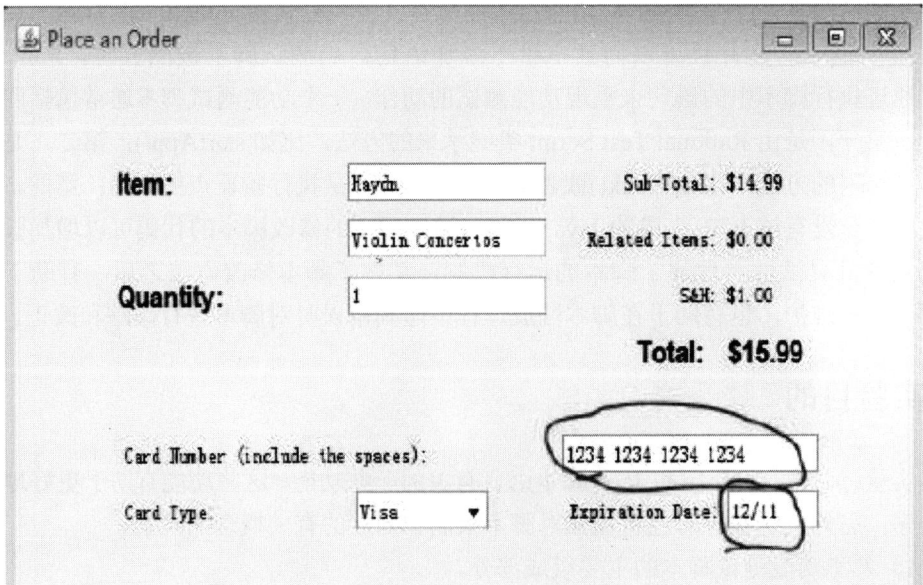

图 5.1　输入订单数据

（7）在录制监视器中，点击"插入验证点和操作命令"按钮。

（8）为总订单金额(total order amount)创建一个验证点，命名为"Order Total Haydn Violin"。

（9）完成该订单，确认弹出的消息对话框，关闭应用程序并结束录制。

（10）回放该脚本。使用缺省的日志设置。

（11）查看回放日志。关闭日志。

（12）在测试透视图中，确保 MSG_OrderNewHaydnViolin_01 脚本被显示在 Java 编辑器中。

（13）展开在脚本开始处的导入资源行，在导入行下面插入一个新行，键入代码"Import javax.swing.JOptionPane;"（注意 Java 区分大小写），如图 5.2 所示。

```
import com.rational.test.ft.object.interfaces.generichtmlsubdomain.
import com.rational.test.ft.script.*;
import com.rational.test.ft.value.*;
import com.rational.test.ft.vp.*;
import com.ibm.rational.test.ft.object.interfaces.sapwebportal.*;
import javax.swing.JOptionPane;
```

图 5.2　手动键入代码

（14）在 startApp 函数调用的上面一行加入如图 5.3 所示的注释行。

```
setSimplifiedScriptLine(1); //Start  Application  Classi
// this adds a message about the application start
startApp("ClassicsJavaA");
```

图 5.3　加入注释行

（15）在刚刚加入的注释行的下面插入一新行，键入如下的代码：

Joption Pane. Show Message Dialog (null,"The application will start next.", "Information", JOptionPane. INFORMATION_MESSAGE);

（16）找到验证点所在的代码行，在其上一行处插入一个空行，键入下面的注释代码：

// this checks the total order amount

（17）在验证点所在行的下一行插入如下的注释代码：

// This adds a message indicating that the order is about to be placed.

（18）在注释行之下插入如下的代码：

JOptionPane.showMessageDialog(null,"The order is placed next.","Order Message", Joption Pane. INFORMATION_MESSAGE);

（19）回放该脚本，接受缺省的日志选项，覆盖原来的日志文件。

（20）在回放过程中，当信息消息"Information"对话框出现时，点击"确定"按钮（有时可能需要点击录制监视器以使得该消息框显示在桌面的前端，或者按下 Alt+Tab 键，此时显示的是代码中加入的在启动应用程序前显示的消息对话框），如图 5.4 所示。

图 5.4　回放过程中显示第一个对话框

（21）当订购消息"Order Message"对话框显示时，点击"确定"按钮（该对话框对应在代码中加入的完成订单前显示的对话框），如图 5.5 所示。

图 5.5　回放过程中显示第二个对话框

（22）关闭测试日志。关闭 MSG_OrderNewHaydnViolin_01 脚本。

（二）改写选项设置值

在参数页面的设置值将影响每一个测试脚本的设置，如果想仅仅改变一个单独的测试脚本的设置，而不影响其他的脚本设置，可以编辑脚本来覆盖被全局化的设置。可以在脚本中使用一些方法（命令）来控制回放选项（参数设置）"getOption"返回当前的一个选项的设置值；"setOption"为一个选项指定值；"resetOption"重置一个选项的值到它的缺省值。

（1）点击"帮助"→"Functional Test API 引用"，如图 5.6 所示。

（2）展开 API 参考，点击"com.rational.test.ft.script"，如图 5.7 所示。

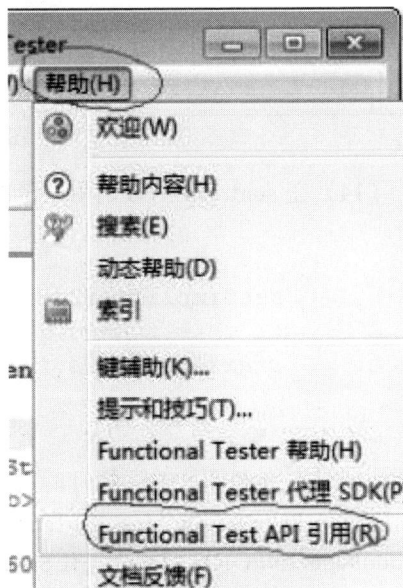

图 5.6　查看帮助菜单

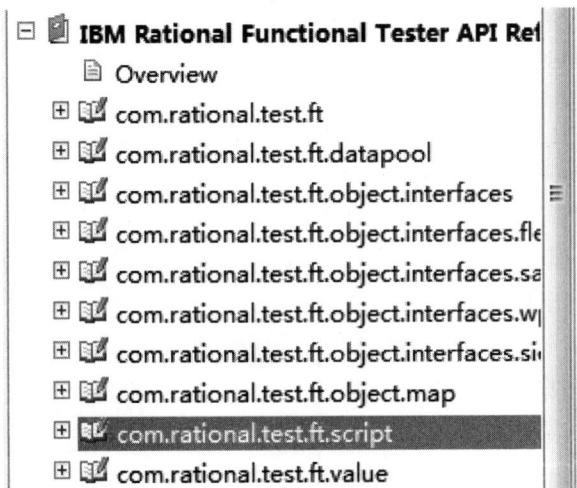

图 5.7　查看脚本帮助

（3）在右侧面板中点击"IOptionName"超链接，如图 5.8 所示。

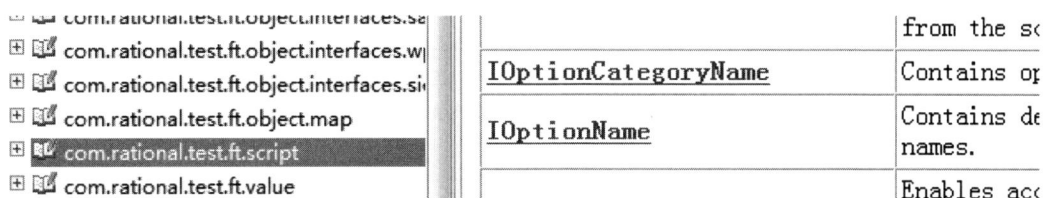

	from the sc
com.rational.test.ft.object.interfaces.sa	
com.rational.test.ft.object.interfaces.w|	IOptionCategoryName	Contains o
com.rational.test.ft.object.interfaces.si	
com.rational.test.ft.object.map	IOptionName	Contains de
com.rational.test.ft.script		names.
com.rational.test.ft.value	Enables ac

图 5.8 查看 IoptionName 选项

（4）拖动滚动条到"属性概览 Field Summary"，查看可以定制的选项，如图 5.9 所示（这里的实验将对"BRING_UP_LOGVIEWR"和"TIME_MULTILIER"属性进行设置）。关闭"帮助"窗口。

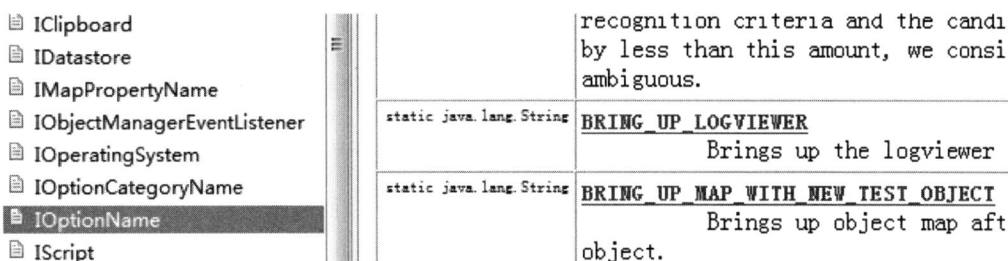

IClipboard		recognition criteria and the candi
IDatastore		by less than this amount, we consi
IMapPropertyName		ambiguous.
IObjectManagerEventListener	static java.lang.String	BRING_UP_LOGVIEWER
IOperatingSystem		Brings up the logviewer
IOptionCategoryName	static java.lang.String	BRING_UP_MAP_WITH_NEW_TEST_OBJECT
IOptionName		Brings up object map aft
IScript		object.

图 5.9 查看要改变属性信息

（5）在功能测试图中，录制一个脚本，命名为"PREF_OrderNewHaydnS94_01"。

（6）启动 ClassicsJavaA 应用程序。

（7）展开"Haydn"文件夹后单击"Symphonies Nos.94 and 98"。

（8）点击"Place Order"按钮。以用户名"Susan Flontly"登陆。

（9）完成如下操作，在"Card Number（include the spaces）"框内录入"5555 5555 5555 5555"；在过期时间"Expiration Date"框内录入"12/15"。

（10）为总订单金额（total order amount ）创建一个验证点，命名为"TotalOrderAmount"。

（11）完成该订单，同意弹出的消息对话框，关闭应用程序并结束录制。

（12）回放该脚本，如有必要，关闭"共享对象映射 Shared Map"窗口。

（13）接受默认的"日志"选项，查看"日志记录"，关闭日志。

（14）在脚本中 startApp 代码的下面加入一空行，键入下面的代码："setOption（ IOptionName. ）"。

（15）后面的圆括号可以自动被插入，此时内容辅助选项列表被弹出，可以拖动滚动条（或者通过键入头一两个字母的方式）快速定位到"TIME_MULTIPLIER"（如果选择列表框没有被弹出来，可以将光标放置在"."之后，按下键盘的 Ctrl+space 键），如图 5.10 所示。

（16）在该行代码末尾加入", 10.0)"，注意新的时间值包含小数点。

```
public class Simple_OrderNewSchubertString_01 extends Simple_OrderNewSch
{
    /**
     * Script Name    : <b>Simp
     * Generated      : <b>2014
     * Description    : Functio
     * Original Host  : WinNT V
     *
     * @since   2014/05/02
     * @author yangjun
     */
    public void testMain(Objec
    {

        setSimplifiedScriptLin
        // this adds a message
        startApp("ClassicsJava
        setOption(IOptionName.t
```

| ○ˢ TIME_MULTIPLIER : String - IOptionName |
| ○ˢ TRIM_STACKTRACE : String - IOptionName |
| this |

按 "Alt+/" 以显示 模板建议

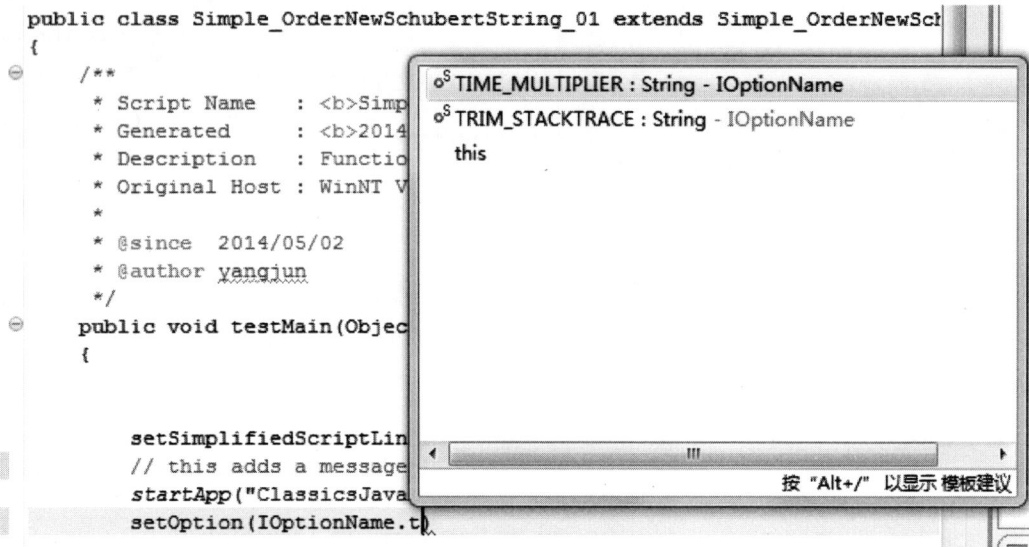

图 5.10　自动插入代码功能显示

（17）在新键入的 setOption 代码所在行的前面和后面各加入一行，加入显示消息的代码以显示该属性的当前值，如图 5.11 所示。

```
startApp("ClassicsJavaA"); ;

System.out.println("当前延时因子" +
getOption(IOptionName.TIME_MULTIPLIER));

setOption(IOptionName.TIME_MULTIPLIER,10);

System.out.println("新的延时因子" +
getOption(IOptionName.TIME_MULTIPLIER));
```

图 5.11　显示属性的当前值

（18）在脚本代码中定位到输入"expiation Date"的地方，在该行的前面一行加入代码恢复"Multiplier"(时间乘数因子)的默认值（该功能在应用程序回放过程中只想让部分程序过程受到影响时是有用的）。

（19）以上操作对应的代码如下，如图 5.12 所示，使得回放时只有部分程序受影响。

```
resetOption(IOptionName.TIME_MULTIPLIER);
System.out.println("Reset    time    multiplier    to    default=    "+
getOption(IOptionName.TIME_MULTIPLIER));
placeAnOrder().inputKeys("{ExtHome}+{ExtEnd}{ExtDelete}12/11");
```

图 5.12　实现恢复默认的时间因子

（20）回放该脚本并接受默认的日志选项，覆盖已有的日志文件。查看测试日志后关闭日志浏览器。

（21）在控制台（Console）视图中，我们可以看到在代码中控制显示的消息，如图 5.13 所示。

图 5.13　查看控制台显示消息

（22）关闭 PREF_OrderNewHaydnS94_01 脚本。

第六章　使用测试对象图

一、基础知识

应用程序在开发中可能会有所变化，比如改变了窗口中的某个控件的名称，在变化的情况下，之前录制的测试脚本还能够有效地回放吗？RFT 的测试对象图技术为处理这种情况提供了一种解决方案。RFT 测试对象图（test object map）是一个被测应用程序中测试对象描述的集合，包含了多个测试对象的属性描述信息（包括识别属性和管理属性），是随着脚本录制一同产生的，测试脚本中的大部分语句都是用来获取测试对象的信息和对测试对象执行某个命令。例如，OK( ).click( )脚本本身并不含有测试对象，它仅仅是引用了一些测试对象图中的对象。一个测试对象图可以是私有的（private，仅仅和一个测试脚本关联）或者是公有的（shared，关联不止一个脚本，在功能测试项目视图和脚本浏览视图中都可以查看）。通过对测试对象图的一些操作来代替重新录制脚本代码，可以增强脚本代码对应用程序变化的适应性，利于脚本的维护，也提高了自动化测试的效率。

二、实验目的

在本实验练习中，将介绍如何对测试对象图进行创建、显示、修改等操作。实验目的是通过完成相应的操作，理解测试对象图的含义，掌握查看测试对象图的方法。在必要的情况下，也可以完成对测试对象图的修改。

三、实验内容

（1）显示一个测试对象图。
（2）创建和使用一个共享的测试对象图。
（3）修改一个测试对象图。

四、实验步骤

（一）显示一个测试对象图

（1）在功能测试项目视图中，选择"CDProject"项目下的"Simple_OrderNew SchubertString_01"脚本，在脚本资源管理器视图中点击"专用测试对象图"，如图 6.1 所示。

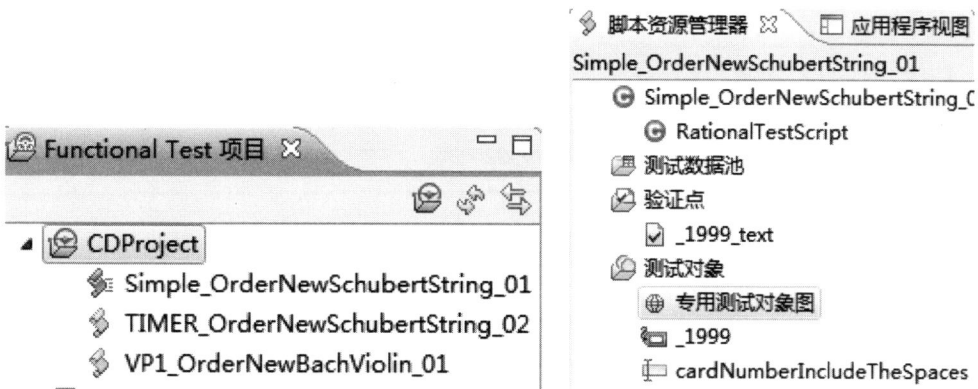

图 6.1 专用测试对象图

（2）在测试对象层级面板中，通过点击前面的"+"号展开所有的测试对象，如图 6.2 所示。

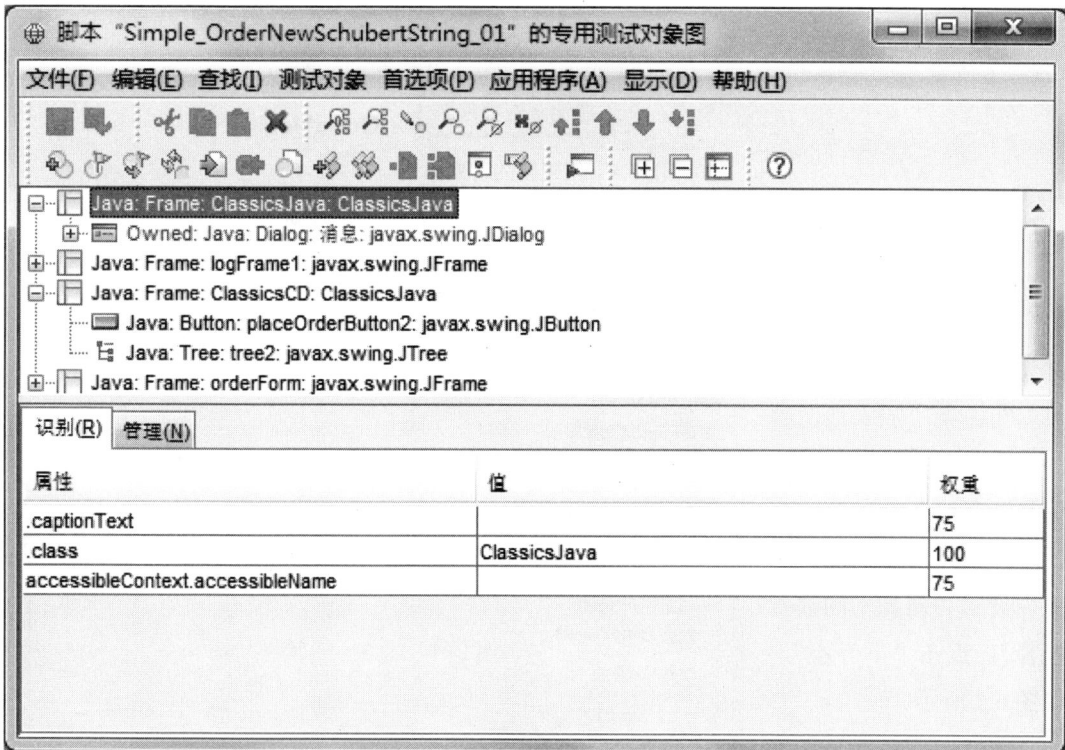

图 6.2 展开测试对象

（3）点击"Preferences"首选项菜单。如果在关闭时清除状态项"Clear Sate on Close"被选中，点击以清除它，如图 6.3 所示。

（4）关闭测试对象图窗口。

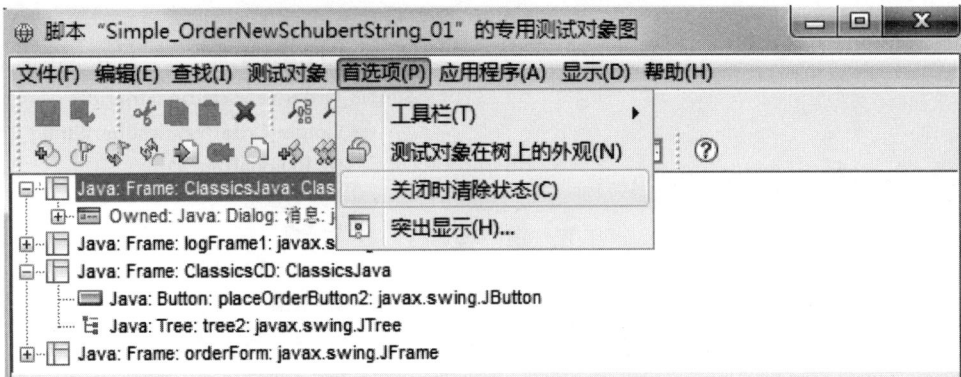

图 6.3　测试对象图选项设置

（二）创建和使用共享测试对象图

（1）创建一个新的测试对象图。在菜单栏中点击"文件"→"新建"→"测试对象映射"，或者直接在工具栏中点击"创建测试对象映射"按钮，如图 6.4 所示。

图 6.4　创建新的对象图

（2）在创建测试对象图对话框中：

①选择目录为"/CDProject"。

②键入"SimpleMap"作为测试对象图的名称。

③如果"加入地图到 Clear Case"选项出现，确保其没有被选中。

④选择"将该测试对象图设置为新脚本的缺省选择"，点击"下一步"，如图 6.5 所示。

（3）在"将测试对象复制到新的测试对象图"对话框中，如图 6.6 所示，点击"选择要从中复制测试对象的测试对象图和脚本"选项按钮，点击"Simple_OrderNewSchubert

图 6.5　命名测试对象图

String_01"脚本，选择"将选中的脚本与新的测试对象图相连接"复选按钮，该选项将利用已有的脚本所关联的测试对象图来创建一个共享测试对象图。

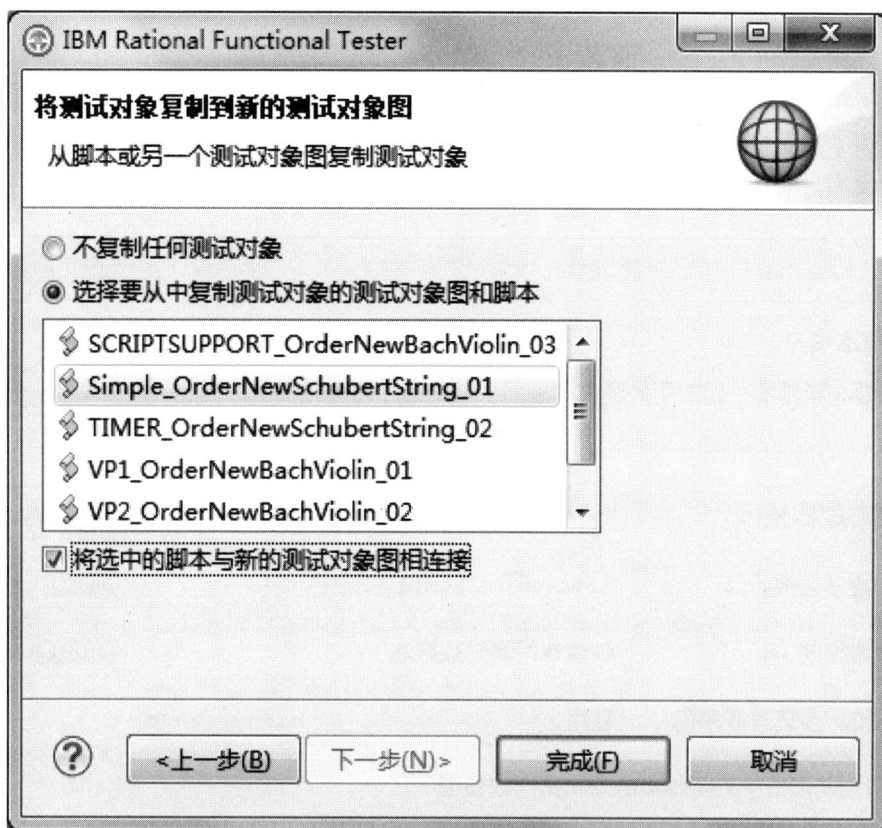

图 6.6　复制测试对象图到新的测试对象图

图 6.7　查看脚本已关联到新的测试对象图

（4）点击"完成"。

（5）关闭测试对象图窗口。

（6）在脚本浏览器中，找到新建立的测试对象图。

（7）打开"Simple_OrderNew SchubertString_01"脚本。注意：我们可以看到该脚本

不再使用私有测试对象图，而是与"SimpleMap rftmap"测试对象图进行了关联，如图6.7。
关闭"Simple_OrderNewSchubertString _01"脚本。

（8）录制一个新的脚本。

①将脚本名称命名为"Simple_ OrderNewSchubertS5_01"。

②如果出现"将脚本加入源控制"复选按钮，不要选中它。

③点击下一步"Next"，此时将弹出"选择脚本资产"对话框，这里可以决定该脚本
与哪个对象图进行关联，如图6.8所示。

图 6.8　录制一个新的脚本

（9）在"选择脚本资产"对话框中：

①如果还没有被选中，浏览选择"/SimpleMap.rftmap"测试对象图。

②在"设置为此项目中的新脚本的测试资产缺省值"选择区域，选中"测试对象图"
选项（测试资产不止一项，此处将测试对象图设置为同项目的其他脚本默认拥有），点击
"完成"。

（10）在录制监视器中，启动 ClassicsJavaA 应用程序。

（11）完成一些录制的操作，如图6.9所示（参考前面的录制操作）。

①展开"Schubert"节点，点击"Symphonies Nos.5 and 9"。

②点击"Place Order"按钮，接受默认的登陆用户名。

③在"Card Number（include the spaces）"输入域键入"1234 1234 1234 1234"。

④在"Expiration Data"输入域键入"12/15"。

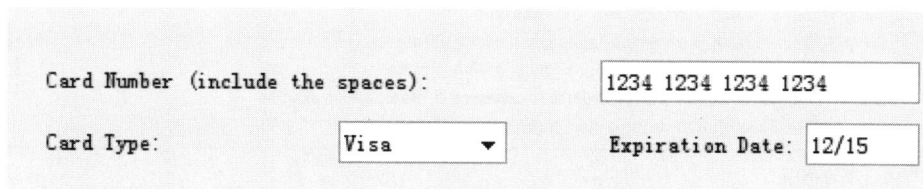

图6.9　在录制中完成的一些操作

（12）为"order total"（订单总价）创建一个数据验证点。

（13）完成该订单，确认，关闭应用程序，停止录制。

（14）注意到测试对象图SimpleMap同时显示在项目视图和脚本浏览器中。

（15）关闭"Simple_OrderNewSchubertS5_01"脚本。

（16）创建另一个简单的脚本，命名为"Simple_TCViewOrder_01"，使用测试对象图SimpleMap。

（17）启动ClassicsJavaA应用程序进行录制。

（18）完成以下操作：

①在菜单中，点击"Order"，如图6.10所示。

图6.10　完成操作

②点击"View Existing Order Status"。

③在login对话框中点击"确定"按钮。

（19）为"Cancel Selected Order"和"Close"按钮创建两个文本属性数据验证点。

（20）点击"Close"按钮，关闭应用程序并结束录制。

（21）关闭测试对象图窗口。

（22）注意到"Simple_TCViewOrder_01 script"是与测试对象图SimpleMap进行关联的。

（23）打开测试对象图SimpleMap并展开所有的对象（在查看了之后不要关闭它），注意到"Simple_TCViewOrder_01"脚本已对该测试对象图加入了新的对象，如图6.11所示。

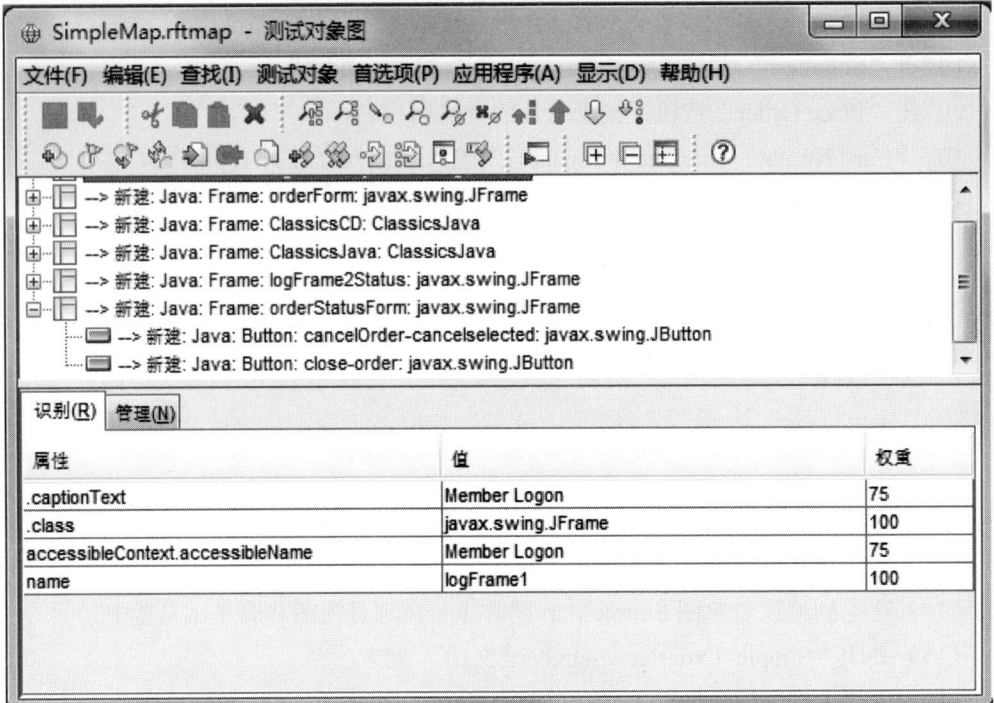

图 6.11　查看修改后的测试对象图

（三）修改测试对象图

在本实验中，将学习通过各种方法修改测试对象图，同时演示所有使用该测试对象图的脚本都可以识别这种改变。

（1）在测试对象图窗口注意到所有的测试对象被标记为"新建"并且以蓝色显示；右击层级中的第一层对象并点击接受节点菜单，此时测试对象将以黑色显示，不再标记为新的，如图 6.12 所示。

（2）如果必要，展开所有的对象。

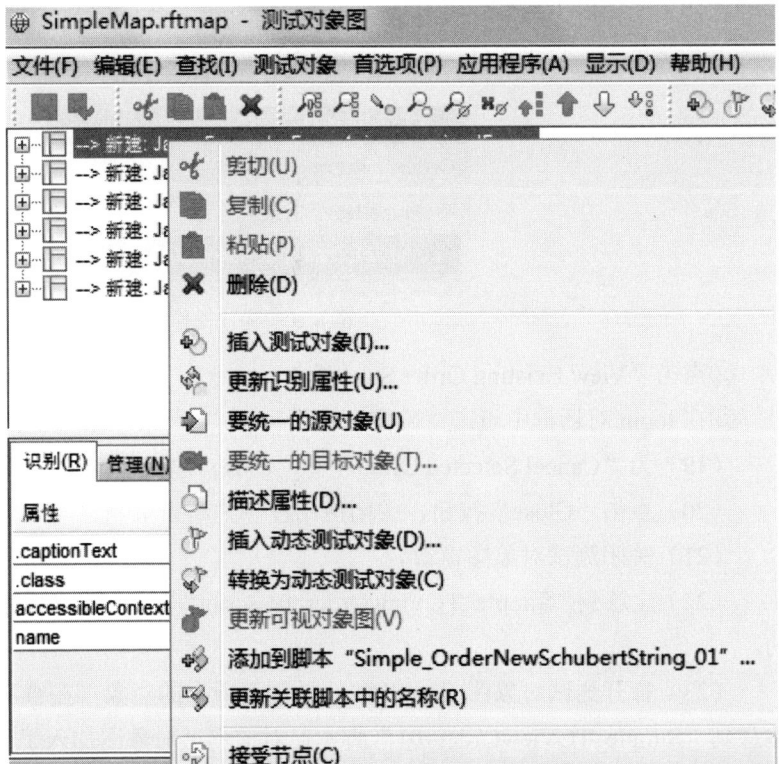

图 6.12　接受测试对象图的更新

（3）在"Frame: orderForm: javax.swing.Jframe"顶层对象中，找到并点击"New: Jave: Text: .cardNumberField:javax.swing.JTextField"文本对象以选中它，如图 6.13 所示。

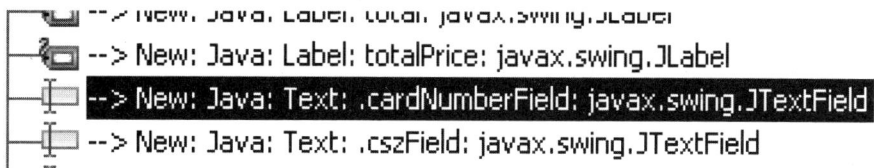

图 6.13　选中文本对象

（4）在识别标签页，找到该测试对象的名字属性"name"，双击关联的值域将其值改为".creditcardNumberField"，如图 6.14 所示。

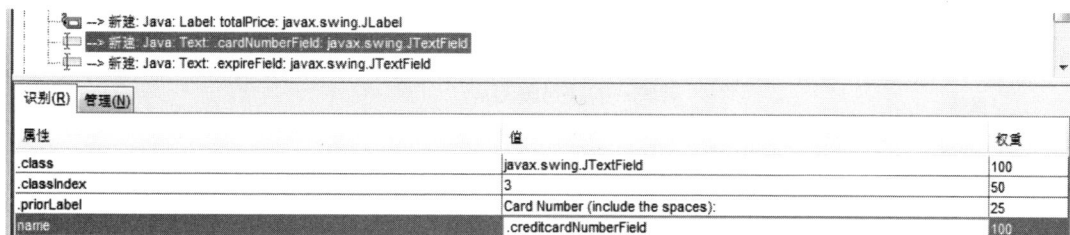

图 6.14　修改测试对象属性的值

（5）选择"文件"→"保存"以保存做出的修改，如图 6.15 所示。

（6）右击任何对象，点击"全部接受"菜单。注意这时所有的测试对象都不再显示为新的，如图 6.16 所示。

图 6.15　保存文件

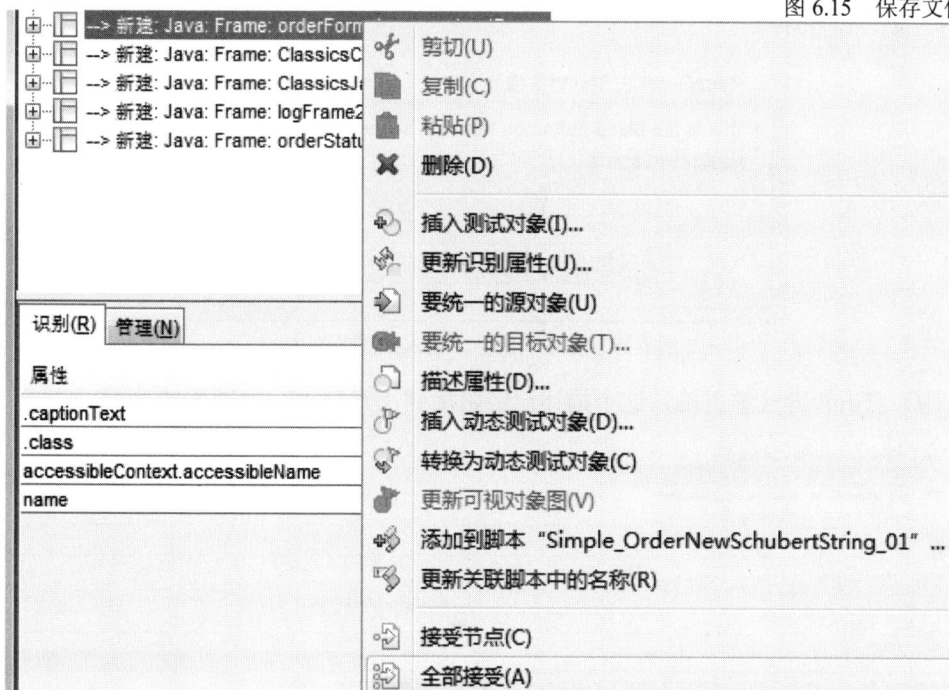

图 6.16　接受所有更新

（7）滚动鼠标到"Java:Frame:ClassicsCD: ClassicsJava"框架，右击它下面的"Java:Button:placeOrderButton2:javax.swing.JButton" 按钮，然后点击右键，选择描述属性，如图 6.17 所示。

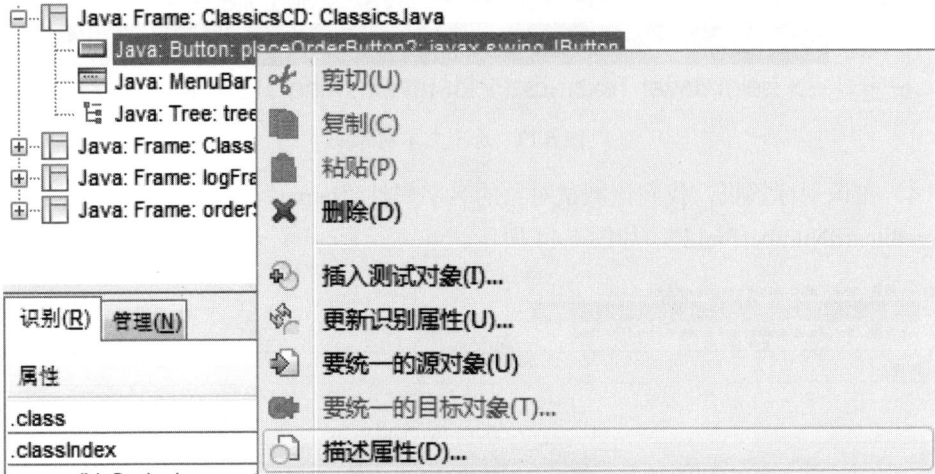

图 6.17　查看描述属性

（8）在设置描述属性对话框中，输入一些文本，例如"This is the place button on the main screen when the application starts."，然后点击"确定"按钮，如图 6.18 所示。

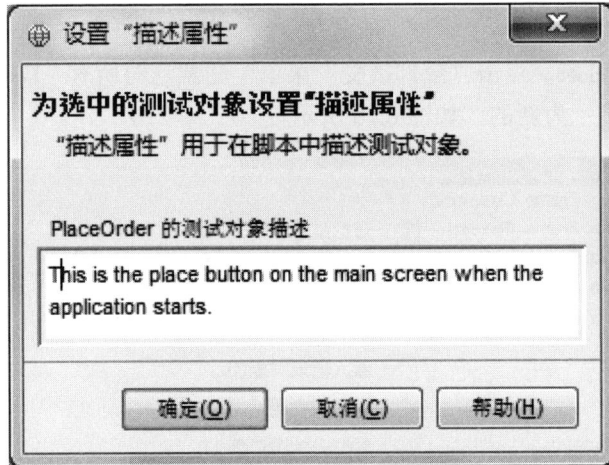

图 6.18　在描述属性中输入描述的文本

（9）点击管理标签页确认这个描述已经附加到了对象上，如图 6.19 所示。

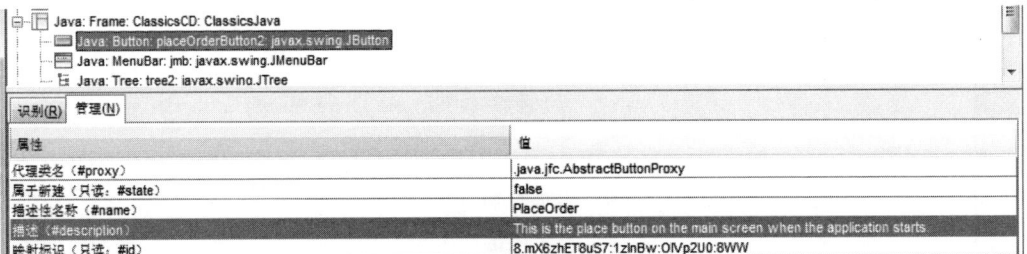

图 6.19　查看描述属性已经附加到对象上

（10）保存作出的修改，然后关闭测试对象图。

（11）关闭"Simple_TCViewOrder_01"脚本。

（12）打开"Simple_OrderNewSchubertS5_01"脚本。

（13）在脚本浏览器中，双击"/SimpleMap.rftmap"打开它。

（14）展开所有的对象，找到刚才修改的对象，确认脚本可以识别这个变化。例如，所有的对象现在都是被接受状态吗？对 placeOrderButton2 对象的修改现在出现在管理标签页了吗？该操作表明对于共享测试对象图，地图中一处修改，其他脚本也将识别修改后的测试对象图。

（15）关闭测试对象图窗口。关闭"Simple_OrderNewSchubertS5_01"脚本。

第七章　管理测试对象识别

一、基础知识

　　RFT 是根据什么原则将对象图中的对象和实际回放时的窗口对象进行匹配的呢？本节内容主要涉及 RFT 的对象识别技术和原理。RFT 通过识别权重和识别得分来管理对象识别。如果理解了 RFT 对象识别的机制，在程序有所修改的情况下，通过设置对象的识别属性，一样可以让之前录制的测试脚本正常运行，提高测试脚本的适应能力。RFT 为每个对象的每个属性设置了一个识别权重（一个从 0~100 的整数），在识别过程中进行属性相似性比较时会参考该权重。在回放中，对每个参与比较的对象都会计算一个识别得分，RFT 的得分含义是高的得分值意味着较低的相似度，因而通过设置识别阈值可以控制对象识别时相互匹配的敏感度。识别记分反映了候选对象与对象图中的对象的差异程度。一个完美的匹配将收到一个值为 0 的记分，这意味着两个对象完全相同，而一个与对象图中的对象差异很大的候选匹配将收到一个很高的记分。在比较结束的时候，每个候选匹配都会收到一个基于每个属性权重的识别记分。例如，如果候选匹配与对象图中的某个属性值不同，并且这个属性具有一个 100 的权重，那么候选匹配将收到一个值为 10000 的识别记分。

　　RFT 可以通过一定的设置来定义对象识别的规则，通过设置规则来指定识别记分，以决定一个候选是否是匹配的，该设置在 RFT 中称为 ScriptAssure 设置，分为标准和高级两种。其中标准设置包括识别级别和警告级别。识别级别决定了 RFT 确定一个对象的识别属性与匹配候选之间差异的严格程度，警告级别决定了 Functional Tester 在哪一个点上将向测试日志报告一个匹配差异。高级的 ScriptAssure 设置包含容错级别，可以通过设置数值为各项设置新的分数和阀值。

　　RFT 通过使用正则表达式可以提高对象的的容错性，提高测试脚本的灵活性。正则表达式支持以通用的形式描述通过测试的字符串集合或者一定范围的数值集合，所以没有必要列出所有的字符串，这样对测试对象的识别就更加灵活。例如，使用 [cC] 来表示接受大写或者小写的字母 C；red|blue|green 表示三种值任选其一；Remember .* Password 表示当中间有 0 个或者多个字符，也是匹配成功的；[1 ..15]表示 1 到 15 的数值（包括 15）；[1 .. 15- 的数字（不包括 15）。

二、实验目的

　　通过相应的操作，理解 RFT 的对象识别机制，掌握在回放过程中通过管理对象识别使得即使当被测应用程序已经被更改，脚本也可以成功被回放的方法。

三、实验内容

（1）设置识别得分的阈值。
（2）建立基于模式的识别。
（3）更改验证点的基线标准。

四、实验步骤

（一）设置识别得分的阈值

（1）回放"VP1_OrderNewBachViolin_01"脚本，将日志文件命名为"DefaultScores"（前面的实验中已经将该脚本的的启动程序改为了"startApp ClassicsJavaB"，回放前请核实一下启动程序的脚本代码）。

（2）当回放完成后，查看测试日志。

（3）注意在日志的左边显示的是失败和警告面板，在右边显示的是相关的细节信息。在警告细节中，查看对象数据表明有可能是"RememberPassword" 对象有问题，如图 7.1 所示（由于该脚本的对象是基于"ClassicsJavaA"录制的，在对象图中，RememberPassword 对象的文本名称为"Remember Password"，而回放运行的是"ClassicsJavaB"程序，该程序中 RememberPassword 对象的文本名称为"Remember The Password"，因而造成该对象的识别困难，同时作为数据验证点，验证失败）。

警告	2014年6月9日 上午11时44分46秒	**对象识别较困难（在警告阈值以上）**

- *ObjectLookedFor* = ToggleGUITestObject(名称: **rememberPassword**, 映射: RememberPassword)
- *objectFound* = 识别分数 = 15,000, 警告阈值 = 10,000
  {text=Remember The Password, accessibleContext.accessibleName=Password, name=rememberPassword, .classIndex=0}
- *script_name* = VP1_OrderNewBachViolin_01
- *line_number* = 40
- *script_id* = VP1_OrderNewBachViolin_01.java

失败	2014年6月9日 上午11时44分46秒	**验证点 [RememberPassword_text] 失败。**

- *vp_type* = object_data
- *name* = RememberPassword_text
- *script_name* = VP1_OrderNewBachViolin_01
- *line_number* = 40
- *script_id* = VP1_OrderNewBachViolin_01.java
- *baseline* = resources\VP1_OrderNewBachViolin_01.RememberPassword_text.base.rftvp
- *expected* = VP1_OrderNewBachViolin_01.0000.RememberPassword_text.exp.rftvp
- *actual* = VP1_OrderNewBachViolin_01.0000.0000.RememberPassword_text.act.rftvp

查看结果

图7.1 查看日志中的警告和失败信息

（4）在失败细节面板中点击查看结果超链接（验证点比较器将被打开）。

（5）关闭比较器和日志。

（6）在 RFT 中，点击"窗口"→"首选项"。

（7）展开"Function Test"选项，展开"回放"节点。

（8）点击"ScriptAssure(TM)"，如图 7.2 所示。

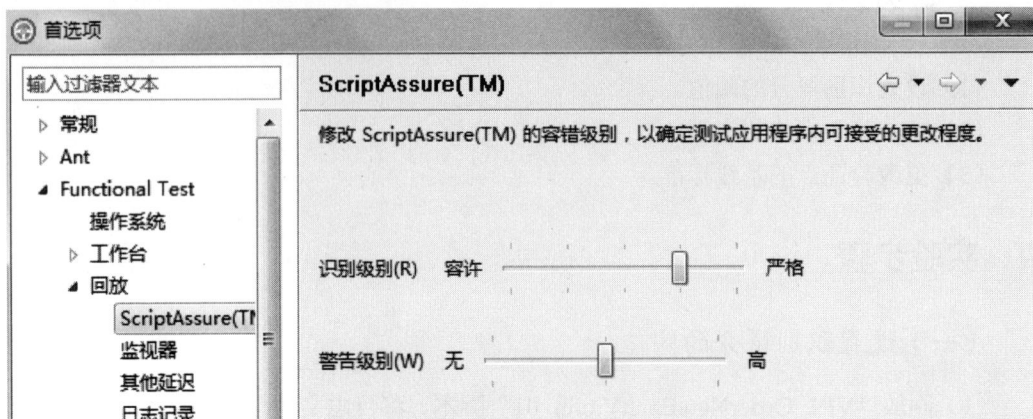

图7.2　查看脚本的识别属性设置

注：ScriptAssure 设置定义了 Functional Tester 应用的规则，Functional Tester 使用这个设置规则来指定识别记分，一个候选对象是否是匹配的

（9）点击"高级"。

（10）清除"使用缺省值"复选框，将"不明确识别分数差异阈值"设置为"150"，设置其他的得分为"0"，点击"确认"，如图 7.3 所示。

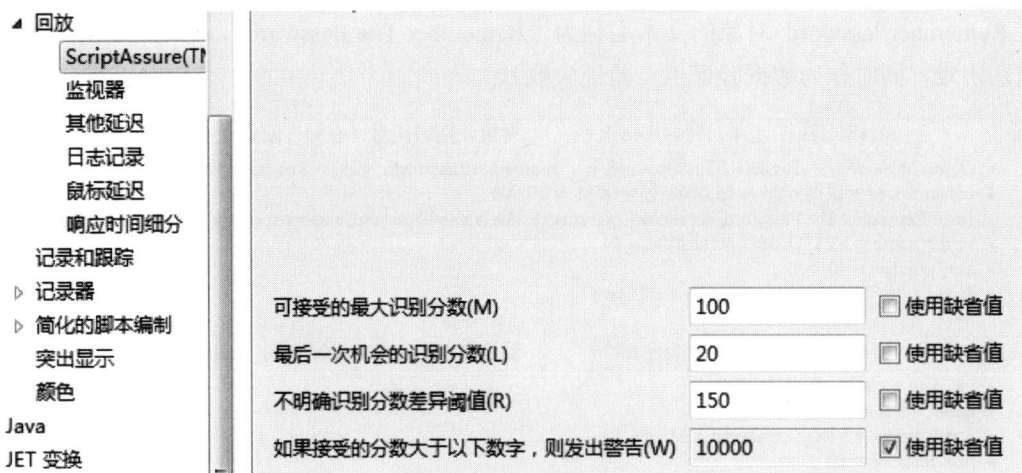

图7.3　设置识别阈值

（11）回放"VP1_OrderNewBachViolin_01"，将日志命名为"ExactScores"。

（12）当回放结束时，查看测试日志。注意，此时脚本中的所有行为都无法回放。

（13）检查失败面板中的细节，可以看到回放中有一个未处理的异常（这是由于不能识别"Remember the Password"对象引起的）。

（14）关闭测试日志。

（15）取消会员登陆并关闭 ClassicsCD 程序。

（16）在 RFT 中，点击"窗口"→"首选项"（标准 ScriptAssure 设置被显示）。

（17）点击恢复默认按钮。

（18）清除在"如果接受的分数大于以下数字，则发出警告"旁边的使用默认复选框，将该值设置为"20000"，点击"OK"（默认的阈值是10000）。

（19）回放"VP1_OrderNewBachViolin_01"脚本，将日志文件命名为"WarnScores"。当回放完成，查看测试日志，如图7.4所示（此时原来的警告消除了）。

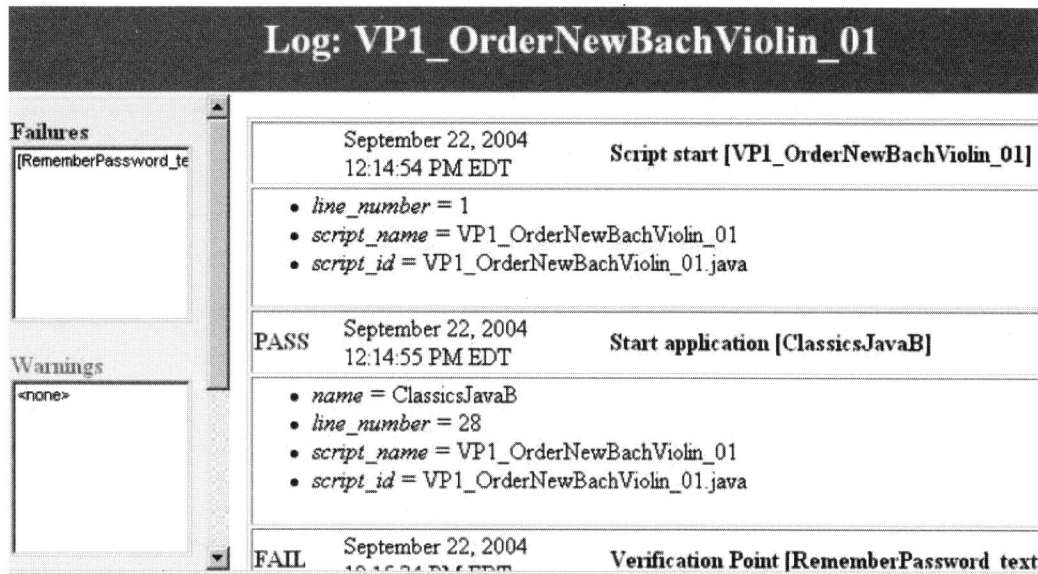

图7.4　查看修改后的回放日志

（20）关闭测试日志，将所有的识别得分设置为默认值（典型的默认得分将被采用）。

（二）设置基于模式的识别

基于模式的识别方式可以灵活的处理部分属性的匹配，也可以将验证的数值匹配到一定的范围。

（1）双击共享脚本"VP1_OrderNewBachViolin_01"所对应的测试对象图，如图7.5所示。

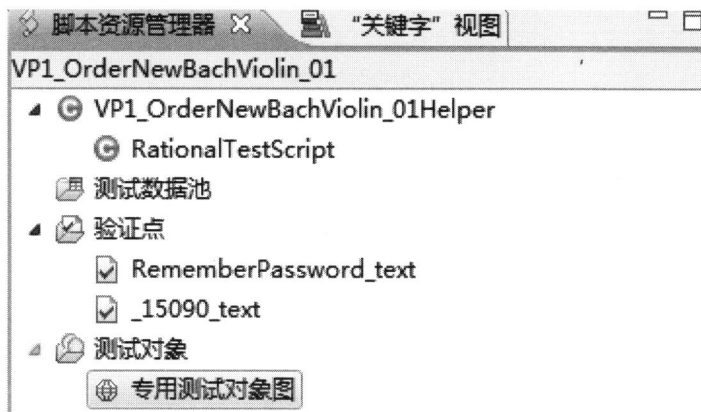

图7.5　测试对象图

（2）展开"Java:Frame:logFrame1:javax.swing.JFrame"结点。

（3）点击名称为"Java:CheckBox:checkRemember:javax.swing.JCheckBox"的对象前面的复选框，如图 7.6 所示。

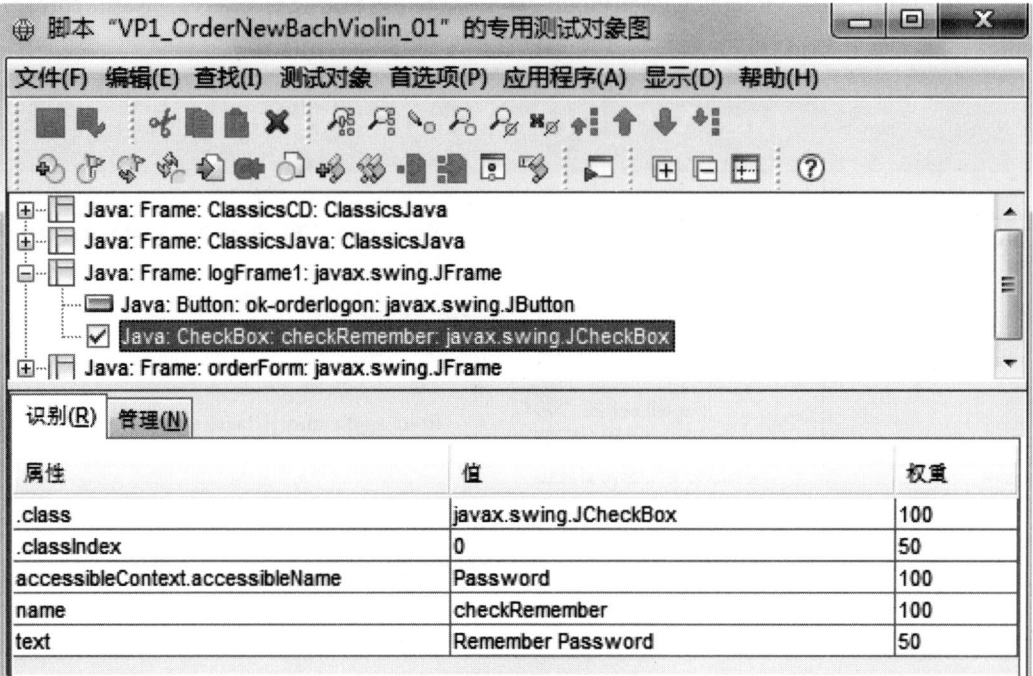

图7.6　选中对象并查看属性

（4）右击"Remember Password"，在弹出的菜单中点击"转换值到正则表达式"。

（5）双击"Remember Password"的值，在"Remember"和"Password"之间键入".*"，如图 7.7 所示。

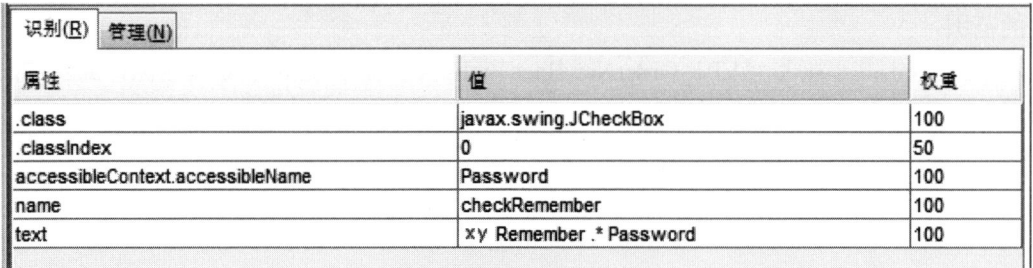

图7.7　输入正则表达式

（6）关闭测试对象图窗口，保存作出的改变。

（7）回放"VP1_OrderNewBachViolin_01"脚本，命名为日志为"RE"。

（8）当回放结束时，查看测试日志，展开所有的事件（因为使用了正则化表达式，在默认识别得分的条件下，没有警告了，但因为验证点基准的不同，所以验证点仍然是失败的）。

（9）在失败面板的的底端点击查看结果超链接（此时将打开验证点比较器，如果没有打开比较器，可以通过在测试项目下生成的测试日志中打开比较器）。

（10）点击"将基线替换为实际值"按钮，如图 7.8（此时，两个值就完全一样了）。

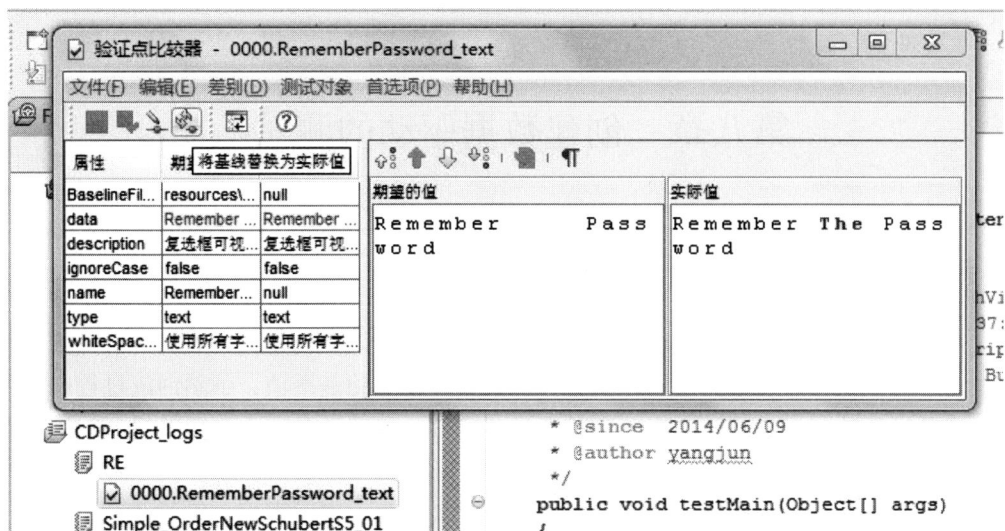

图7.8 在验证点比较器中用真实值替换基准值

（11）关闭点验证比较器窗口和测试日志。

（12）回放"VP1_OrderNewBachViolin_01"脚本，将日志文件命名为"UpdatedVP"。

（13）当回放完成后，查看测试日志（验证点 RememberPassword 现在可以通过了）。

（14）关闭测试日志，关闭"VP1_OrderNewBachViolin_01"脚本。

第八章 创建数据驱动的测试

一、基础知识

之前的实验中，每次回放对应着一次测试，如果要测试多组数据，就意味着要进行多次回放，并且如果每次的数据不同，就要分别设置验证点的基准值。虽然回放过程中应用程序是自动运行的，但是回放的启动和验证点基准值的修改还是要人工手动进行，这没有体现出自动化的测试的优势。那么是否可以在一次回放中执行多组测试数据呢？答案是肯定的。RFT 支持基于数据驱动的自动化测试，这意味着我们可以事先将需要测试的输入信息和测试对象结果数据存放到数据文件中，然后应用程序在自动回放中从数据文件中读入数据和测试基准值，并在回放中对验证点进行验证。本实验将讲述怎样创建数据池，以及对数据池的操作，理解这些内容可以设计出快速的对多组数据进行测试的测试过程。在以数据驱动的测试模式中，脚本中的数据不再来自于脚本录制时的字面值，而是可以设置为来自某个变量或者数据池，从而将脚本和数据进行了分离，提高了脚本运行测试数据的灵活性。

数据驱动的测试在现实测试中具有重要的应用价值。例如，当录制测试时，我们删除了一条记录，在测试运行时，RFT 将试图删除相同的记录，系统会提示"记录无法找到"的信息，此时我们可以在测试回放中，使用数据驱动的测试来引用不同于在录制时删除的记录。

数据池是一个测试数据集合，它能够为测试回放提供不同的数据值，当通过 RFT 创建一个数据驱动的测试时，可以在被测试应用中选择需要数据驱动的测试对象。数据池技术能够对一个测试脚本反复的使用不同的输入数据，并得到对应的响应数据。数据池分为专用数据池和共享数据池两种。初始时，每一个测试脚本都有一个专用的测试数据池与之相关联。初始的专用测试数据池是一个占位符，用数据驱动一个测试脚本或者添加新的数据之前，这个数据池一直保持为空。我们也能够通过创建一个新的数据池来创建一个共享的数据池，可以将几个测试脚本关联到同一个共享数据池上。RFT 支持从零开始创建一个数据池，也支持从其他已有的数据池来辅助创建或者从一个.csv 文件创建，即将已有的数据导入到一个新的数据池中。当创建好一个数据池后，我们能够编辑数据池中的记录和变量。一个记录就是数据池中的一行，一个变量是数据池中的一个列。我们可以添加、删除、移动或者编辑一条记录或者变量。

二、实验目的

通过完成本节实验，理解 RFT 基于数据驱动进行功能测试的原理和流程，掌握将验证点的验证基准值设置为变量的方法。理解数据池的概念和含义，掌握用数据池中的数据进行测试的方法。

三、实验内容

（1）录制一个数据驱动的测试脚本。
（2）将验证点参考值从来自于字面值改为来自于变量。
（3）编辑在数据池中的变量。
（4）运行一个数据驱动的测试并查看结果。

四、实验步骤

（一）录制一个测试脚本

（1）打开"CDProject"项目。
（2）录制一个测试脚本以完成 ClassicsCD 程序中的一个订单，脚本名称为"OrderTotal"，接受所有的默认选项。
（3）在录制工具栏中，点击开始应用程序，选择"ClassicsJavaA-java"应用程序，点击"OK"。
（4）点击"Schubert String Quartets Nos. 4 & 14"，点击"Place Order"。
（5）接受默认选项点击"OK"，关闭登陆窗口，此时"Place an Order"窗口被打开。
（6）在录制工具栏中，点击"插入数据驱动命令"按钮。此时录制过程暂停，"插入数据驱动操作"窗口被打开（和前面实验中插入验证点的过程类似，当鼠标停留在录制工具栏上的工具按钮上的时候，RFT 会自动给出按钮的功能提示，可根据该信息找到插入数据驱动命令按钮）。
（7）键入"credit card number" 和"expiration date"的内容（此时录制是暂停的，这些操作不会被录制。但是当捕获对象时，对象的字面值被捕获，之后可以用变量来替代，这里的操作主要目的是让这些输入域有正确的值）。
（8）在"插入数据驱动操作"窗口中，拖动对象查询器选择整个"Place an Order"窗口，然后释放鼠标（选择整个窗口，意味着选择了该窗口包含的所有控件，即使得所有界面元素的数据都来自于数据池，RFT 自动为这些控件创建在数据池中对应的变量）。

（二）加入描述性的变量名到数据

（1）将窗口调节到合适的大小，在数据命令表中，选中变量列中的第一行，双击"ItemText"选中它。
（2）在单元格中键入"Composer"（在录制时创建的数据池变量已经命名了，但有时候产生的名字不够直观，这里进行名称修改，使得变量名称可以体现出其真实的含义）。
（3）在"Composer"下双击，键入"Item"。
（4）重复以上过程，为脚本中的对象数据命名变量，如图 8.1 所示。

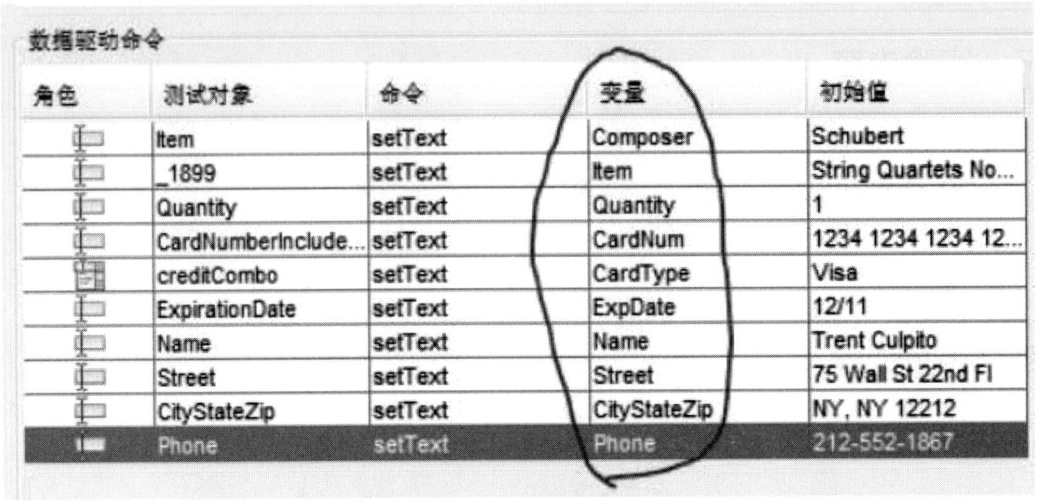

图 8.1　为测试对象设置变量名

（5）点击"确定"（此时插入数据驱动操作窗口关闭，脚本录制将继续）。

（三）插入使用数据池引用的验证点

（1）在录制工具栏中，点击"插入验证点和操作命令"按钮（此时"验证点操作向导"窗口被打开）。

（2）利用对象查找器在"Place an Order"窗口中选择"$19.99"订单总价对象。

（3）在选择操作页中，点击"执行数据验证点"，点击"下一步"。

（4）点击"下一步"。

（5）在验证点数据页工具栏中，点击"将值转换为数据池引用"按钮，如图 8.2 所示（数据池引用转换对话框将被打开）。

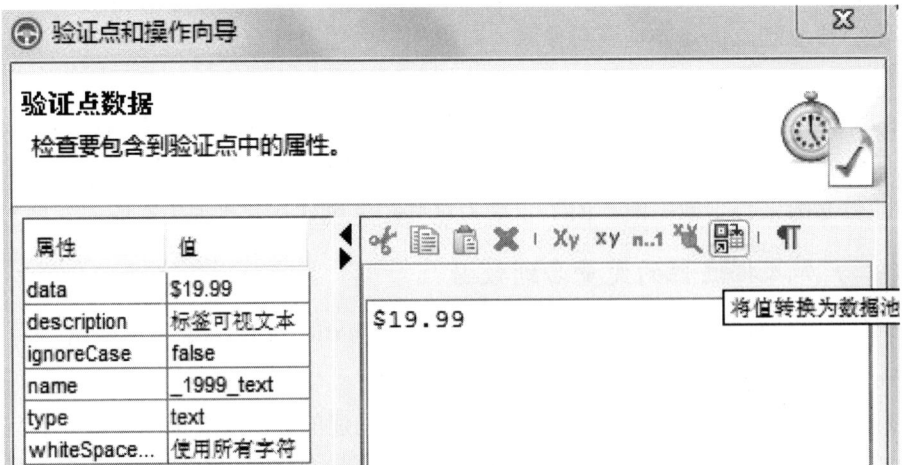

图 8.2　将值转换为数据池引用

（6）在"数据池变量"框中，键入"Total"作为在数据池中新的变量名。

（7）如有必要，选中"将值添加到数据池中的新记录"复选框，如图 8.3 所示。

（8）点击"确定"，关闭数据池参考转换器。

（9）点击"完成"。

（10）在应用程序中，点击"OK"，关闭消息对话框。

（11）关闭 ClassicsCD。

（12）停止录制（测试脚本将显示在脚本编辑器中，新的数据将显示在脚本浏览器中，观察生成的脚本，可以看到脚本中有类似如下的代码：phone().setText(dpString("Phone"))；该代码的含义是填充数据来自于数据池中的变量）。

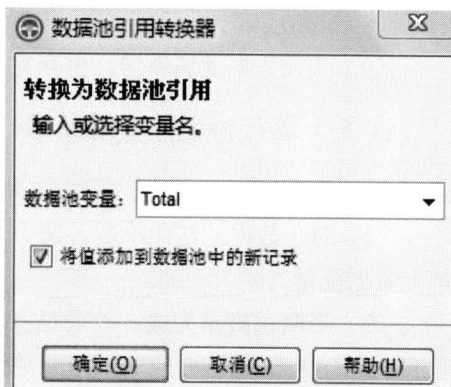

（13）如有必要，关闭测试对象图窗口。

图 8.3　输入数据池变量名

（四）在数据池中加入数据

（1）在脚本浏览器中，双击"测试数据池"，打开它。

（2）双击"缺省专用测试数据池"标题按钮以打开数据池编辑器。

（3）右击数据池中的第 0 行，在菜单中点击"插入记录"，可以添加一个空的记录，如图 8.4 所示。

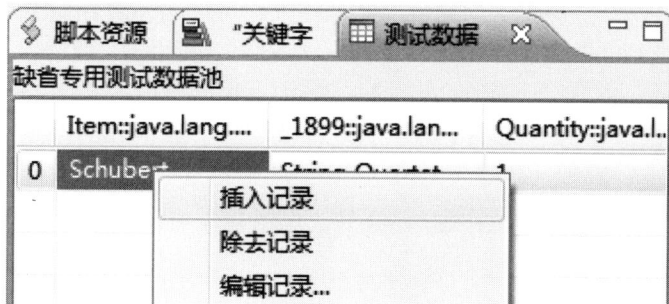

图 8.4　在数据池中插入新的记录

（4）再添加一个空行。

（5）定位鼠标在原始行的第一个单元格，右击，点击"复制"。

（6）对新加入的两行用粘贴的方式填充数据。

（7）修改数据。将新加入行的第一行的"quantity"改为"2"，"total"改为"$38.98"；第二行的"quantity"改为"3"，"total"改为"$57.97,"，如图 8.5 所示。

图 8.5　添加后的记录数据

（8）双击数据池标题，使得数据池编辑器处于悬浮视图状态。

（9）关闭数据池编辑器，保存完成的修改。

（五）运行脚本并查看结果

（1）运行"OrderTotal"脚本，将日志命名为"OrderTotal"，点击"下一步"。

（2）对于数据池迭代次数，选中"3"，点击"完成"（数据池中的前 3 条记录被用来填充数据变量）。

（3）当测试脚本完成，查看结果和日志，关闭测试日志（此时可以观察到该脚本将被自动运行 3 次，每次对应的数量和总价的数值都不同，但和数据池中的数据值保持一致）。

（4）关闭 OrderTotal 测试脚本。

第九章 导入数据池

一、基础知识

RFT 允许导入外部的数据池并完成数据驱动的测试，支持的外部数据格式有三类，包括类型为 cvs 的表格文件、其他的功能测试数据池和测试管理工具中的数据池。这样的功能可以使得我们单独使用 Excel 文件来设计测试数据，真正实现测试代码和测试数据的分离，利于代码的维护和测试数据的重用。上一章创建的是与特定的脚本关联的数据池，本章将创建一个公用的数据池。一个公用的数据池也可以关联多个测试脚本，从而增加了数据池的可重用性。

二、实验目的

理解测试数据和测试脚本分离的思想；掌握测试数据的外部格式；掌握将外部数据导入成 RFT 测试数据池的方法；理解数据池和测试脚本之间的关系；掌握将一个数据池关联到特定的测试脚本的方法。

三、实验内容

（1）导入并编辑一个外部的数据池。
（2）将一个数据池和一个测试脚本关联。
（3）修改脚本字面值为变量参考。
（4）回放脚本。
（5）对导入的数据池进行纠错。

四、实验步骤

（一）将外部数据池导入到 RFT 项目

（1）打开 CDProject 项目。
（2）在主菜单中，点击"文件"→"新建"→"测试数据池"。
（3）在创建测试数据池对话框中，接受默认位置，命名数据池为"OrderTotalData"，点击"下一步"。
（4）在导入数据池对话框，浏览选择"C:\CDProject\ClassicsOrders.csv"文件（该文件是提前设计好的 Excel 数据文件，每行数据代表一个测试记录，其数据内容如图 9.1 所示）。

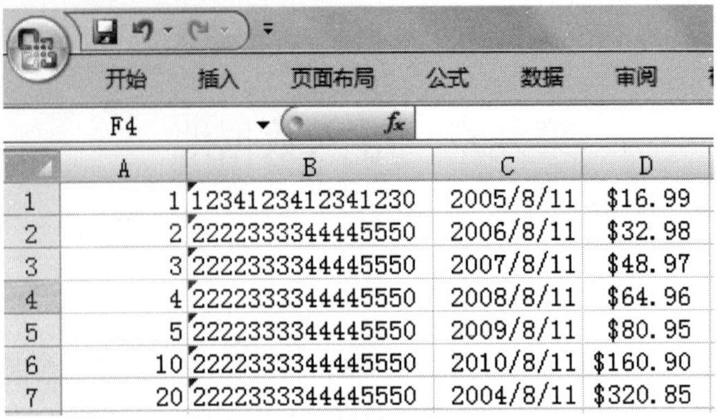

	A	B	C	D
1	1	1234123412341230	2005/8/11	$16.99
2	2	2222333344445550	2006/8/11	$32.98
3	3	2222333344445550	2007/8/11	$48.97
4	4	2222333344445550	2008/8/11	$64.96
5	5	2222333344445550	2009/8/11	$80.95
6	10	2222333344445550	2010/8/11	$160.90
7	20	2222333344445550	2004/8/11	$320.85

图 9.1　外部数据文件的内容

（5）接受其他的默认选项，点击“完成”。

（6）检查数据以确定数据池是否被正确的导入了，如图 9.2 所示（应该看到从 0～6 共 7 条记录）。

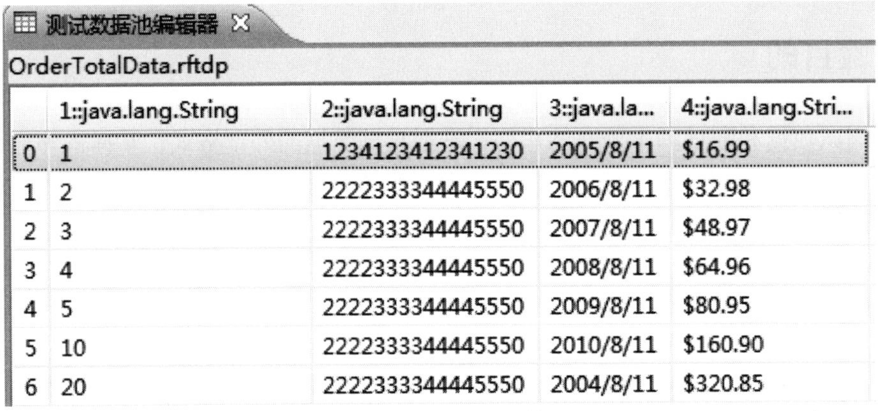

测试数据池编辑器

OrderTotalData.rftdp

	1::java.lang.String	2::java.lang.String	3::java.la...	4::java.lang.Stri...
0	1	1234123412341230	2005/8/11	$16.99
1	2	2222333344445550	2006/8/11	$32.98
2	3	2222333344445550	2007/8/11	$48.97
3	4	2222333344445550	2008/8/11	$64.96
4	5	2222333344445550	2009/8/11	$80.95
5	10	2222333344445550	2010/8/11	$160.90
6	20	2222333344445550	2004/8/11	$320.85

图 9.2　确认外部数据池被导入

（二）编辑变量名称

（1）在数据池编辑器中，点击标题含有“1”的列，如图 9.3 所示。

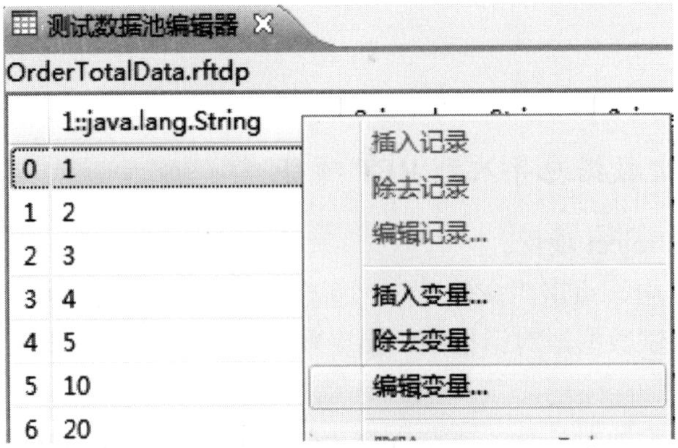

图 9.3　查看列标题

（2）在名称域中，删除“1”，键入“Quantity”，点击“确定”按钮，如图 9.4 所示。

图 9.4　改变列标题的名称

（3）在列标题中编辑剩余的变量名，得到如下结果，如图 9.5 所示。

图 9.5　编辑变量名

（4）保存该数据池。

（三）录制一个测试脚本

（1）录制一个新的测试脚本，命名为"OrderTotal2"，接受缺省的位置，点击"下一步"。

（2）在"选择脚本资产"对话框中，接受默认设置，点击"完成"。

（3）启动"ClassicsJavaA"应用程序。

（4）在"ClassicsCD"中，选择"Beethoven"，"Symphony No. 9"，点击"Place Order"。

（5）用已经存在的用户"Trent Culpito"登陆。

（6）在"Quantity"框中输入"[HOME] [SHIFT+END] [DELETE] "，然后键入"1"。

（7）在"Card Number"框中输入"1234 1234 1234 1234"，然后在"Expiration Date"框中输入"12/16"。

（8）为"total dollar amount"创建一个名称为"Total"的验证点。

（9）完成该订单，结束录制。

（10）回放该脚本。

（四）将脚本和数据池关联

（1）在项目视图中，右击"OrderTotalData"数据池，点击与脚本关联菜单，如图 9.6 所示。

（2）在关联数据池和脚本对话框中，如有必要，展开"CDProject"项目节点，选中"OrderTotal2"脚本，点击

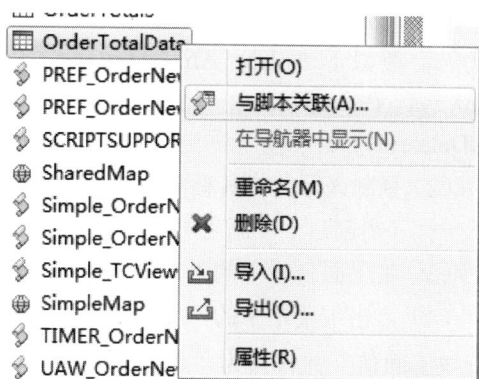

图 9.6　将一个公用数据池与脚本关联

"完成"。

（3）如有必要，关闭数据池编辑器。

（五）改变验证点引用

（1）为了将验证点引用从字面值改为来自变量，在脚本浏览器中，双击"Total"验证点以打开验证点编辑器，如图 9.7 所示。

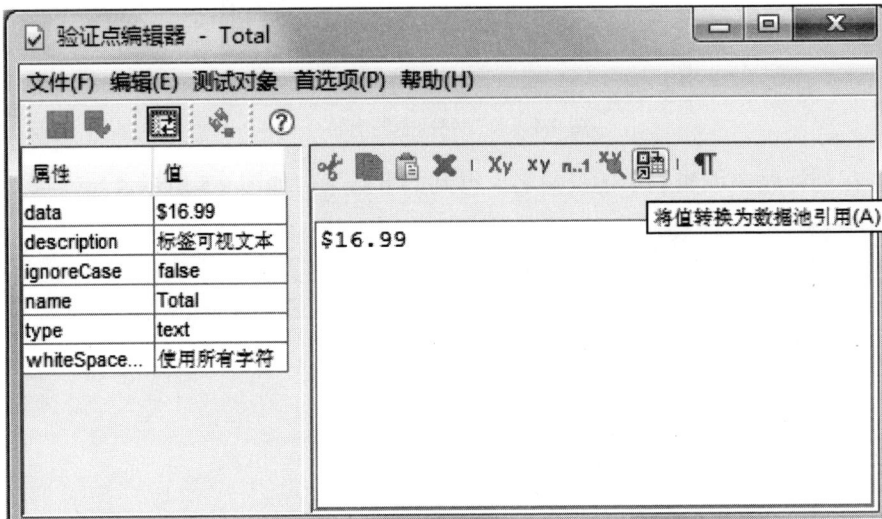

图 9.7　将验证点转换为数据池引用

（2）点击转换变量到数据池引用按钮。

（3）在数据池引用转换对话框中，从数据池变量下拉列表中选择"Total"，点击"确定"（该操作使得验证点的基准数据来自于数据池中的 Total 变量）。

（4）保存更改，关闭数据池验证点编辑器。

（六）用变量替换脚本中的字面值

（1）在脚本中找到设置数量的脚本代码，类似于"place An Order(). InputKeys（"{ExtHome} +{ExtEnd} {ExtDelete}1"）"。

（2）复制该行并将其粘贴在该行的下一行（需创建一个新行）。

（3）将上面一行中的"1"删除。

（4）点击主菜单中的"脚本"→"查找字面值"并替换为"数据池引用"（将打开数据池字面值替换对话框，

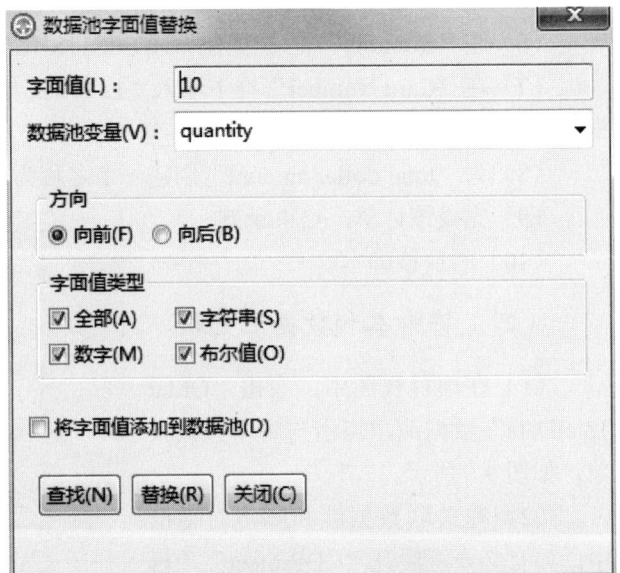

图 9.8　用数据池变量替换字面值

如图 9.8 所示）。

（5）在数据池字面值替换对话框中，确保字面值类型中选择的是"全部"。

（6）点击"查找"，定位到"{ExtHome}+{ExtEnd}{ExtDelete}"所在的位置。

（7）在数据池变量框中，选择"Quantity"，然后点击"替换"。

（8）查找字面值"1234 1234 1234 1234"并选中它。

（9）在数据池变量框中，选择"CreditCardNum"，点击"替换"。

（10）在数据池字面值替代对话框中，点击"查找"直到找到"expiration date"。

（11）在数据池变量框中，选择"ExpDate"，点击"替换"。

（12）点击"完成"，脚本代码类似于图 9.9 所示。

```
// Frame: Place an Order
quantityText().click(atPoint(23,12));
placeAnOrder().inputKeys("{ExtHome}+{ExtEnd}{ExtDelete}");
placeAnOrder().inputKeys(dpString("Quantity"));
cardNumberIncludeTheSpacesText().click(atPoint(18,8));
placeAnOrder().inputKeys("{ExtHome}+{ExtEnd}{ExtDelete}");
placeAnOrder().inputKeys(dpString("CreditCardNum"));
expirationDateText().click(atPoint(21,11));
placeAnOrder().inputKeys("{ExtHome}+{ExtEnd}{ExtDelete}");
placeAnOrder().inputChars(dpString("ExpDate"));
TotalVP().performTest();
placeOrder2().click();
```

图 9.9　将字面值替换为数据池中的变量后的脚本代码

（七）运行测试脚本查看结果

（1）运行测试脚本。

（2）将日志文件命名为"OrderTotal2_run002"，点击"下一步"。

（3）选择数据池迭代数量为"4"。

（4）当测试脚本结束时，查看结果和测试日志。

（5）在测试日志中，拖动鼠标到第一个验证点，点击查看结果（这个验证点应该是失败的，如何分析失败的原因？首先应该考虑用验证点比较器查看实际值和基准值之间的差异）。

（6）打开验证点比较器，在验证点比较器中，点击显示隐藏的字符，如图 9.10 所示（期望值"$13.99"后有一个额外的空格，这说明数据池的"Total"变量中的金额数值后面含有一个空格，后面的操作将对此问题进行修改）。

（7）关闭验证点比较器和测试日志。

（8）在项目视图中，双击"OrderTotalData"以打开它。

图 9.10 查看显示隐藏的字符

（9）双击"Total"列的单元格，删除"$13.99"后的额外的空格，如图 9.11 所示。

	Quantity::java.l...	CreditCardNu...	ExpDate::java.l...	Total::java.lang....	
0	1	123412341234...	5/2008	$16.99	
1	2	222233334444...	6/2008	$32.98	
2	3	454562627171...	7/2008	$48.97	
3	4	111178781111...	8/2008	$64.96	
4	5	123456781234...	9/2008	$80.95	
5	10	606015153728...	10/2008	$160.90	
6	20	578923761134...	4/2008	$320.85	
7	20	578923761134...	4/2008	$16.99	

OrderTotalData.rftdp

图 9.11 修改数据池中的数据，注意删除多余的空格

（10）保存更改，关闭数据池编辑器。

（11）再次运行"OrderTotal2"脚本，查看结果和日志。

（12）关闭任何打开的日志和数据池。

第十章　导出数据池

一、基础知识

在上一章的实验中，我们学习了如何在外部创建一个表格文件形式的测试数据集合，并将其导入到测试项目中形成一个公用的测试数据池。实际上，RFT 还具有将服务于某个测试脚本的测试数据池转换为外部数据的功能，这样我们可以不必从零开始设计测试数据，可以有效的将之前的脚本中的测试数据利用起来。该功能被称为"数据池的导出"。

本实验中，将学习如何将数据池导出为外部文件并对其中的数据进行编辑，以及学习如何让更多的脚本使用该外部数据文件。

二、实验目的

理解数据池导出的目的和思想，掌握导出数据池的方法，可以实现将一个脚本的数据池应用于新的脚本。

三、实验内容

（1）在录制测试脚本的同时创建数据池。
（2）编辑一个数据池验证点。
（3）导出一个数据池。
（4）将 CSV 文件导入到新的数据池。
（5）将数据池和现有的脚本进行关联。
（6）修改一个录制的脚本以使用数据池变量。

四、实验步骤

（一）录制脚本

（1）录制一个新的功能测试，命名为"OrderTotal3_part1"，点击"下一步"，在选择测试资产页中，接受所有默认设置选项。

（2）启动"ClassicsJavaA"应用程序。

（3）选择"Haydn"、"Violin Concertos"，

图 10.1　录制中插入数据池

然后点击"Place Order"。

（4）选择"Trent Culpito"用户名登陆。

（5）在录制工具栏中，点击"插入数据驱动命令"按钮，如图 10.1 所示。

（6）在"Place an Order"对话框的"Card Number"中，输入"1234 1234 1234 1234"。

（7）在"Expiration Date"框中，输入"13/16"。

（8）使用对象查找器选择整个窗口。

（9）在变量列，将前六个变量命名为如图 10.2 所示的名称。

Test Object	Variable
ItemText	Composer
_1499Text	Item
QuantityText	Quantity
CardNumberIncludeThe SpacesText	CardNumber
CreditCombo	CardType
ExpirationDateText	ExpDate

图 10.2　命名数据池变量

（10）删除后面的四行。

（11）点击"确定"。

（12）创建一个 Total 验证点（该验证点对应总价对象）。

（13）完成该订单，退出应用程序。

（14）回放脚本，接受所有默认设置。

（15）查看结果，关闭测试日志。

（二）修改验证点以关联数据池

（1）在脚本浏览器中的验证点下，双击"Total"验证点。

（2）在"验证点编辑器"工具栏中，点击"将值转换为数据池引用（A）"按钮，如图 10.3 所示。

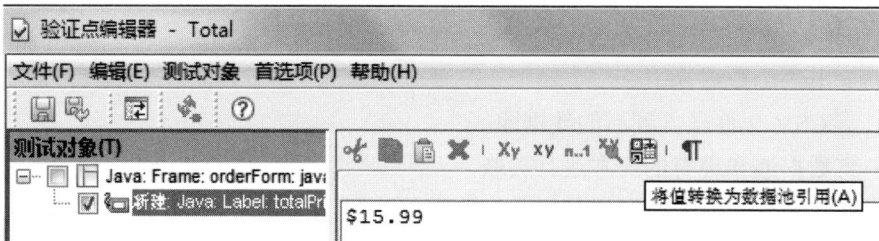

图 10.3　在验证点编辑器中修改验证点

（3）在"数据池变量"文本框中，键入"Total"，如图 10.4 所示。

（4）确保"将值添加到数据池中的新记录"选项是选中的。

（5）点击"确定"。

（6）关闭验证点编辑器。

（7）在保存验证点消息框中，点击"保存"。

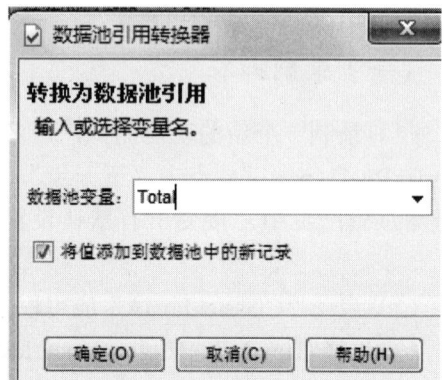

图 10.4　输入数据池变量名

（三）编辑数据池和回放脚本

（1）在脚本浏览器中，双击"缺省专用测试数据池"。

（2）在数据池中以复制的方式加入一个新的记录，即在数据池的第二行中，将"quantity"修改为"2"，将"total"改为"$30.98"，如图10.5所示。

	Compo...	Item::java.lan...	Quantity:...	CardNumb...	Car...	ExpD...	Total::ja...
0	Haydn	Violin Concer...	1	1234 1234 ...	Visa	12/08	$15.99
1	Haydn	Violin Concer...	2	1234 1234 ...	Visa	12/08	$30.98

图 10.5　输入数据池数据

（3）保存更改。

（4）回放脚本，将日志命名为"OrderTotal3_part1_run2"，数据池迭代次数选择"2"。

（5）查看结果，关闭测试日志。

（四）导出和修改数据池

（1）在脚本浏览器中，右击"缺省专用测试数据池"，点击"导出"，如图10.6所示。

图 10.6　导出数据池

（2）点击"浏览"。

（3）定位到"C:\CDProject"，命名文件为"OrderTotalData1.csv."。

（4）点击"保存"，点击"完成"。

（5）在 Windows 中，打开"C:\CDProject"目录，打开"OrderTotalData1.csv"文件。复制 3 行到4~6行，并编辑数据为如图10.7所示。

（6）保存该文件，关闭 Excel，关闭目录浏览器。

Row	Quantity	Total
4	5	$75.95
5	10	$150.90
6	50	$750.50

图 10.7　在外部编辑测试数据池中的

（五）录制另一个脚本

（1）录制一个新的脚本，命名为"OrderTotal3_part2"。

（2）启动"ClassicsJavaA"，选择"Haydn"，"Violin Concertos"，用"Trent Culpito"登陆。

（3）按下图的内容输入数据，如图 10.8 所示。

图 10.8　在录制的新脚本中输入数据

（4）为"total dollar amount"创建一个数据验证点"($30.98)"。

（5）完成该订单，结束录制。

（6）如有必要，关闭测试对象图窗口。

（六）导入数据池并关联到测试脚本

（1）点击"文件"→"新建"→"测试数据池"。

（2）接受默认的位置，名称命名为"OrderTotal3"，点击"下一步"。

（3）点击浏览，定位到"C:\CDProject"，双击"OrderTotalData1.csv"，如图 10.9 所示。

（4）选择第一个记录作为变量信息选项。

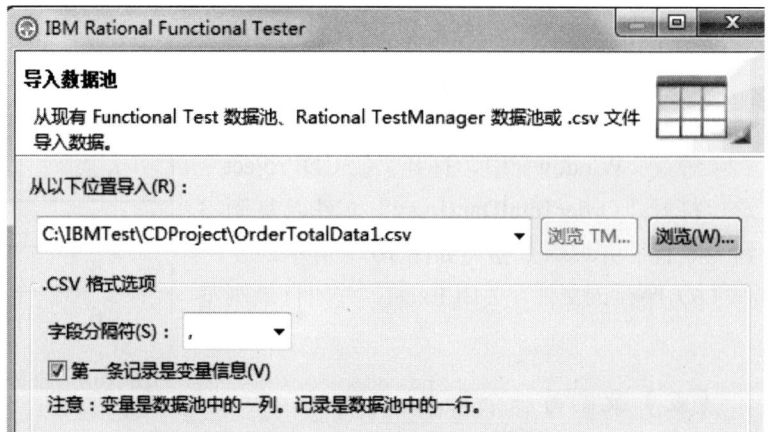

图 10.9　导入测试数据池选项

（5）点击"完成"。

（6）如果有某行是空的，右击行号，选择"除去记录"，如图 10.10 所示。

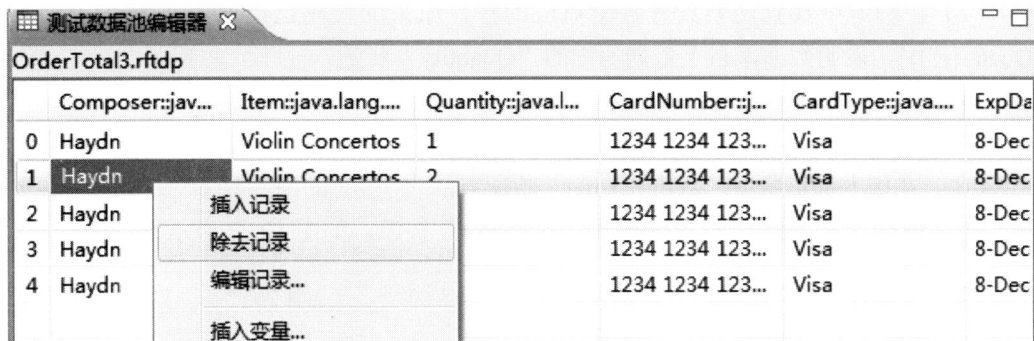

图 10.10 删除空的记录

（7）关闭测试数据池"OrderTotal3.rftdp"，如有必要，保存修改。

（8）在项目资源浏览器中，点击"OrderTotal3_part2"脚本，在脚本浏览器中，右击"测试数据池"。

（9）点击"与数据池关联"，如图 10.11 所示。

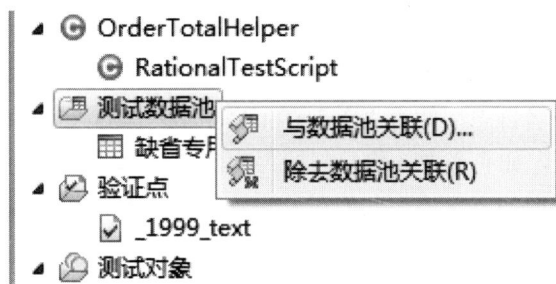

图 10.11 将脚本和数据池关联

（10）点击"OrderTotal3.rftdp"，点击"确定"。

（七）在脚本中使用数据池

（1）在"OrderTotal3_part2"脚本中，找到并复制设置数量的行，代码如下："placeAnOrder(). inputKeys ("{ExtHome}+{ExtEnd} {ExtDelete}2")"。

（2）在其后插入一个空行，粘贴复制的内容。

（3）删除第一行中的"2"。

（4）点击"脚本"→"查找字面值并替换为数据池引用"，如图 10.12 所示。

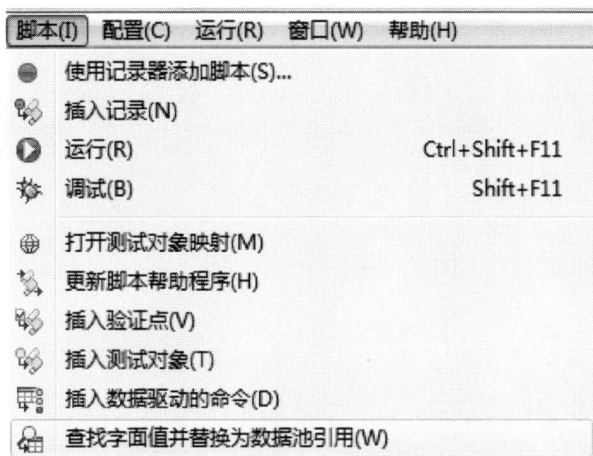

图 10.12 将脚本中的字面值替换为数据池中的变量

（5）点击"查找"按钮直到字面值框中出现"{ExtHome}+{ExtEnd}-{ExtDelete}"。

（6）在数据池变量列表中，选择"Quantity"，点击"替换"，点击"完成"。

（7）在脚本中找到观察设置数量对应的行，原来的代码已经被替换为"(dpString("Quantity"))"，表明数据来自于数据池中的"Quantity"变量。

（8）重启 RFT，打开"CDProject"项目。

（9）如果必要，打开"OrderTotal3_part2"脚本，关闭数据池编辑器。

（10）在脚本浏览器中，双击"Total"验证点。

（11）在工具栏中，点击"将值转换为数据池"按钮，如图 10.13 所示。

图 10.13　将验证点中的字面值替换为数据池中的变量

（12）在数据池变量框中，选择"Total"。

（13）如果复选框没有选中，清除"加入值到数据池的新记录"复选框，点击"确定"。

（14）关闭验证点编辑器，点击"保存"。

（15）回放脚本，命名日志文件为"OrderTotal3_part2_run3"，设置迭代次数为"5"。

（16）检查测试结果，如有必要，修复问题再次回放脚本（可以模仿将数量对象设置为从数据池变量中获取数据的方式，为其他对象设置从数据池中获取数据）。

第十一章 性能测试实验环境的搭建

一、基础知识

IBM Rational Performance Tester（简称 RPT）是一款性能测试的创建、执行和分析工具，用于在最终部署前验证基于 Web、Socket 和 SOA 等的应用程序的可伸缩性和可靠性。它将众多特性与优势进行了整合，包括易于使用的测试录制器、高级计划、实时报告、自动数据变量化以及可伸缩性较高的执行引擎，从而确保应用程序"整装待发"，即在面对大量用户负载时也能得心应手地工作。

RPT 明显考虑到了刚入门的负载测试员——测试记录工作仅涉及与目标 Web 应用程序的交互，而这些交互通过测试员选择不同操作系统 (Windows 或 Linux) 的不同浏览器 (Internet Explorer，Netscape 或 Mozilla) 即可完成。测试结果呈现在一个高层的可视编辑器中，并能根据需要适度展开细节。动态服务器响应的自动识别和处理有助于新手进行数据驱动测试 (模拟用户变量化的输入数据) 而无需手工修改测试。另外，使用内置的网页查看器可以离线查看访问过的网页，检查用户交互和事务请求。

可将测试脚本分成不同组合，分别代表不同类型的用户，以此模拟预计用户群的行为。测试人员指定模拟的用户事务的数量后，即可执行测试。测试执行的全过程都伴随着可读性很强的实时报告，报告以高亮的形式显示诸如双向工程性能、事务率和系统诊断中的瓶颈问题。

RPT 除了快速启用能力之外，还为包括开发组成员、资深测试员和 IT 管理员在内的专家提供更为高级的功能。

单页面的响应时间可以分解为单个页面元素（如 JPG、JSP、ASP 等）的响应时间，测试人员可以依此确定导致页面响应迟缓的具体元素。作为自动数据关联和数据生成能力的一个补充，可以在测试过程的任意点插入可执行的自定义 Java 代码。使用该能力可以实现高级数据操作和诊断。

测试执行过程中，可以从远程服务器收集系统资源信息，例如，CPU、内存使用的统计数据，并与响应时间和数据吞吐量相关联起来。收集到的资源数据对于诊断导致远程系统 (包括路由器、网络服务器、应用程序服务器、数据库服务器等) 延迟的情况和导致性能瓶颈的组件 (CPU、RAM、硬盘等) 都是至关重要的。

RPT 模拟多用户操作时只占用很少的处理器和内存资源，这样即便团队不具备很强的计算能力也能实现高度的规模伸缩。此外，测试可以在 Windows 和 Linux 上执行，充分利用了团队现有的硬件资源。

RPT 建立在 Eclipse 架构框架和 Hyades 之上，两者都是开源项目，针对应用程序的开发、测试、部署和监测，提供跨工具环境的共享和开放的服务。采用该框架的优点包括不使用私有数据存储格式和支持来自于内部或第三方的自定义控件。同时，投资基于 Eclipse

和 Hyades 的工具可以消除对供应商的过分依赖，也有利于日后的创新。

类似于 RFT，性能测试软件 RPT 也需要安装和配置，本章将对其安装过程进行讲述。为了进行性能测试，需要建立一个被测系统，本章将完成与被测系统相关的程序，以及数据库和服务器的安装和配置。

性能测试的一个重要步骤是创建测试。测试是性能测试工具执行性能测试的基础，优秀的测试应该准确的反映测试需要执行的操作。本章将通过实际操作介绍 RPT 创建性能测试的基本步骤和方法。在创建测试之前，需要清楚的知道测试的目的是什么。例如，对于一个购物网站系统来说，我们可能想要测试网站对于定购一个商品所需的处理响应时间，也可能想要测试这个网站最多能够承受多少用户同时在线。根据测试目的的不同，设计出的测试也不同，同时也会影响测试的创建。确定测试目的后，需要创建能够帮助实现测试目的的测试用例。测试用例描述了需要模拟的产生系统负载的用户行为，我们需要根据测试用例设计测试，并使用 RPT 记录测试。产生测试过程如下：

①启动一个记录器，它是一个插入到 Web 浏览器和 Web 应用服务器之间的程序，它的目是记录我们与 Web 应用之间的交互。

②启动被测试的应用，在 Web 浏览器中输入被测试的应用的 URL，并且在我们完成想要进行的操作后，停止记录器。

③启动一个测试生成器，它是一个 RPT 内部的程序，它使用之前记录的结果作为输入生成一个测试。

④在记录结束的时候，被生成的测试将会在测试编辑器中被自动的打开，并且会被列在 Test Navigator 视图中，以便我们能够重新打开或者运行测试。

记录器和测试生成器的行为是被 RPT 的参数设置控制的。为了检查或者改变这些设置，可以在在菜单栏中点击"窗口"→"首选项"→"测试"→"TPTP URL→HTTP"记录 来看一看记录器的参数；点击"测试生成"→"HTTP 测试生成"来查看 HTTP 生成器的参数。

在 Windows 的计算机上，缺省的浏览器是 Internet Explorer。测试创建向导将为我们启动 Internet Explorer，并为测试记录配置它。而停止记录器时，我们能够重新为浏览器进行配置。关闭 Internet Explorer 可以停止记录。在 Linux 系统的计算机上，没有缺省的浏览器，因此需要手工启动浏览器并为测试的记录配置它，我们可以从记录器控制视图中停止记录器。

二、实验目的

掌握 RPT 的安装；掌握 RPT 实验环境的搭建；理解掌握 RPT 录制创建性能测试脚本的过程。

三、实验内容

（1）完成 RPT 的安装。

（2）安装和配置 Tomcat 6.0 服务器。

（3）安装并配置 MySQL 数据库。

（4）验证实验环境。

（5）在 RPT 中创建一个性能测试脚本

四、实验步骤

（一）安装性能测试软件 RPT

RPT 的安装类似于第一章实验步骤（二）介绍的功能测试软件 RFT 的安装，即在安装管理器中选择 RPT 的存储介质之后进行自动安装，这里不再详述。

（二）安装 Tomcat 6.0 服务器

本实验的被测系统是一个在线购买宠物的网站，其以"Tomcat"作为网站服务器，所以要先安装该服务器。正常安装该软件即可，安装过程全部采用默认设置，安装完成后如果服务器有启动问题，请仔细检查有关 Java 环境变量的设置，确保环境变量设置正确。

（三）安装 MySQL3.0 数据库和 MySQL-Front

安装过程中采用默认安装。

（四）配置数据库

（1）在完成 MySQL-Front 的安装后出现如图 11.1 所示的窗口。

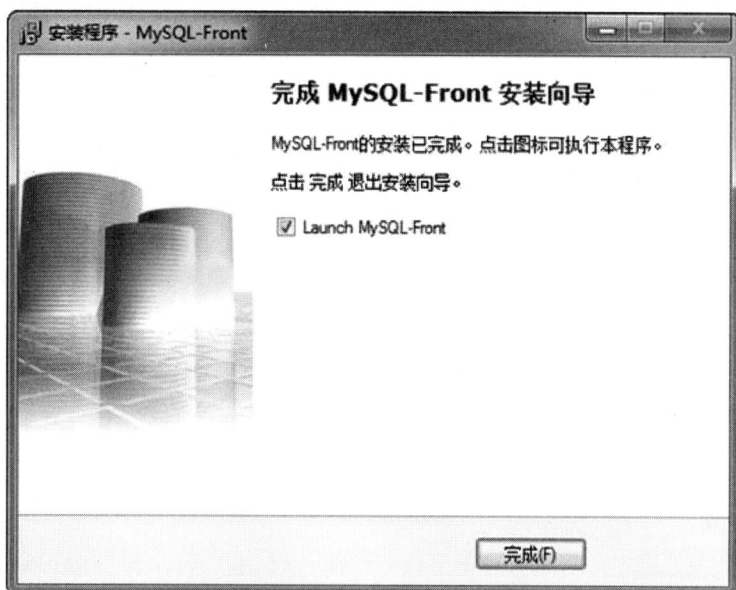

图 11.1　完成 MySQL Front 安装

（2）点击"完成"后，弹出注册窗口，如图 11.2，输入安装过程中设置的密码后点击"打开"，进入 MySQL 的管理界面，如图 11.3 所示。

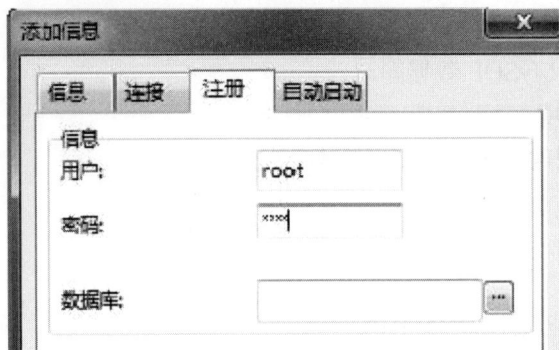

图 11.2　输入登陆密码

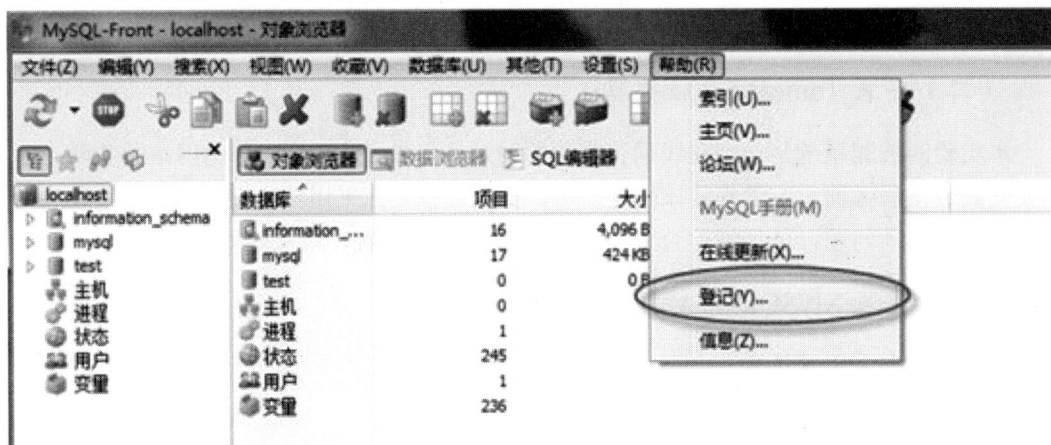

图 11.3　对 MySQL 登记

（3）点击"登记"，然后将安装包中的"sn.txt"中的密码输入到对话框中，完成软件注册。

（4）在 MySQL-Front 中创建名称为"jpetstore"的数据库。将安装包中名为"jpetstore-mysql-schema.sql"中的内容复制到"MySQL-Front"的 SQL 编辑器中，并点击运行按钮（该文件为创建数据表的 SQL 语句），如图 11.4 所示。如果运行成功，可以在左侧菜单栏中看到数据库中新建的表，如图 11.5 所示。

图 11.4　运行脚本

图 11.5　创建的数据库表

（5）将"jpetstore-mysql-dataload.sql"中的内容复制到 MySQL-Front 的 SQL 编辑器中，并点击"运行"按钮（该文本为向表中添加数据的 SQL 语句）。如果成功运行，选择某个表之后，在数据浏览视图中，可以查看到该表对应的数据，如图 11.6 所示。

图 11.6　查看表中的数据

（6）将"jpetstore.war"放入 Tomcat 安装目录下的"webapps"子目录下，例如，"C:\Program Files\Apache Software Foundation\Tomcat 6.0\webapps"。

（7）启动"Tomcat"，并访问"http://localhost:8080/jpetstore/shop/index.do"。

如果安装和配置都成功了，可以看到该网站的首页被打开，如图 11.7 所示。

图 11.7　被测网站的首页

（五）录制性能测试脚本

（1）在 RPT 中，选择"文件"→"新建"→"性能测试项目"，项目名称取名为"jpetstore"，点击"完成"（如果新建菜单没有显示"性能测试项目"选项，这表明你还没有处于 Test 透视图中。可通过选择"文件"→"新建"→"其他"→"测试"→"性能测试项目"切换到 Test 透视图）。

（2）在 RPT 中，选择"jpetstore"测试项目，点击"文件"→"新建"→"从记录测试"来记录测试（当启动记录器时，测试创建向导将合并所有创建测试的动作到一个单一的流程：记录一个 Web 应用的会话、从记录结果中生成测试，并且在测试编辑器中打开测试。可从 Internet Explorer 或者其他的浏览器中记录测试）。

（3）在测试性质中，选择"HTTP Test"，点击"下一步"，输入测试名称"jpetstore"。

（4）点击"下一步"，选择 Microsoft Internet Explorer 作为客户机应用程序，点击"完成"，记录器开始工作。

（5）此时出现"欢迎使用性能测试记录"页面，并提醒在记录之前移出临时文件。在 Internet 浏览器菜单中，选择"工具"→"Internet 选项"。

（6）在临时文件区，点击"删除文件"。

（7）确认删除所有脱机内容，并点击"确定"。

（8）点击"确定"以关闭 Internet 选项页面。

（9）通过在 Internet 浏览器中输入 URL "http://localhost:8080/jpetstore/shop/signonForm.do"转至"jpetstore"登录页面，如图 11.8 所示。

Fish | Dogs | Reptiles | Cats | Birds

Please enter your username and password.

Username:　j2ee

Password:　●●●●

Submit

Register Now

图 11.8　登陆页面

（10）在浏览器上方会出现一个工具栏，如图 11.9 所示，它主要用来在测试过程中进行一些辅助的操作，例如，修改当前页面的名称，对当前页面添加注释、同步点、截图及事务等。由于在 jpetstore 网站中，每个页面的标题始终都是"Jpetstore Demo"，这样会导致产生的测试都是以"Jpetstore Demo"开头，非常不直观。因此工具栏中的修改当前页面

记录器测试注释

测试注释：

图 11.9　测试注释工具

的功能变得非常有用。

（11）点击工具栏的第一个按钮，将弹出修改页面名称对话框，设置页面名称为"打开页面并登录"，点击"确定"，如图 11.10 所示。

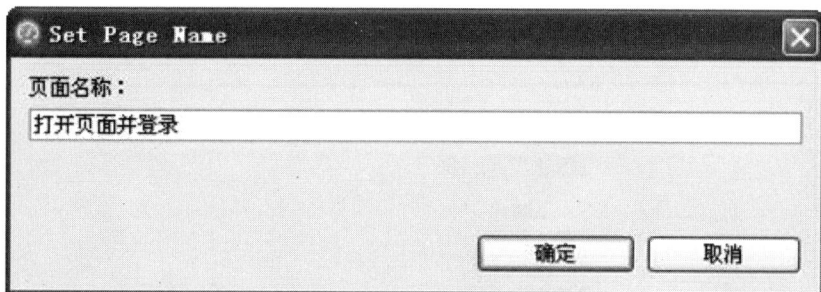

图 11.10　修改页面标题

（12）在页面上点击"Submit"按钮登录，将打开购物的首页。应该注意到，尽管换了一个页面，浏览器的标题依然显示的是"JpetStore Demo"，因此我们继续通过使用工具栏的第一个按钮来修改本页面的标题，修改为"选择宠物类型"（如出现不能登陆的情况，可能是由于数据库访问权限的问题造成的，可以通过在 MySQL 数据库命令行处执行语句"grant all on jpetstore.* to 'root'@'localhost' identified by 'root';"来设置权限）。

（13）点击鹦鹉的图标，将显示所有可购买鹦鹉的列表，可以将此页面的标题修改为"选择鹦鹉品种"。

（14）点击任何一种鹦鹉的链接，假设为"AV-CB -01"，可以看到该品种鹦鹉的详细的信息，修改页面标题为"添加鹦鹉到购物车"，点击"Add to Cart"。

（15）修改页面标题为"更新宠物数量"，在 Quantity 下面，将数量修改为"3"，点击"Update Cart"。

（16）点击页面左边的链接"Main Menu"，回到宠物类型浏览页面，修改页面标题为"查看宠物类型"，点击金鱼的图标，将显示所有可以购买的金鱼的品种。

（17）修改页面标题为"选择金鱼的类型"，然后任意选择一条金鱼，假设为"FI-SW-01"。页面打开之后，修改页面标题为"添加金鱼到购物车"，然后点击"Add to Cart"按钮。

（18）修改页面标题为"结账"，点击"Proceed to Checkout"。

（19）修改页面标题为"确认订单"，点击"Continue"，如图 11.11 所示。

Checkout Summary

Item ID	Product ID	Description	In Stock?	Quantity	List Price	Total Cost
EST-18	AV-CB-01	Adult Male Amazon Parrot	true	3	$193.50	$580.50
EST-1	FI-SW-01	Large Angelfish	true	1	$16.50	$16.50
						Sub Total: $597.00

图 11.11　确认订单页面

（20）修改页面标题为"提交用户信息"，点击"Submit"。

（21）修改页面标题为"确认订单"，点击"Continue"，如图 11.12 所示。

Shipping Address

First name:	ABC
Last name:	XYX
Address 1:	901 San Antonio Road
Address 2:	MS UCUP02-206
City:	Palo Alto
State:	CA
Zip:	94303
Country:	USA

Continue

图 11.12　最后确认订单页面

（22）修改页面标题为"订单反馈"，关闭浏览器。

（23）浏览器关闭之后，测试生成器将按照我们记录的内容开始生成测试，生成好了之后将会弹出一个对话框，点击"打开测试"，如图 11.13 所示。

测试生成

测试生成已完成

▶ 日志

在后台运行(B)　　打开测试　　关闭

图 11.13　测试生成完成

（24）在打开的测试中，可以看到在更新宠物数量页面的下方出现了一个"JpetStore Demo{5}"的页面，如图 11.14。这是因为在更新了宠物数量之后，页面还是继续停留在当前页面，而当前页面的标题没有变动。而我们认为这两个页面实际上是一个 Action，可以将他们合并。

（25）按住 Ctrl 键，同时选择页面"更新宠物数量"和"JPetStore demo{5}"，点击右键，在弹出的菜单中选择"合并页面"，如图 11.15。

（26）在合并 HTTP 页面对话框中，选择"完成"。

（27）完成后，页面"更新宠物数量"和"JPetStore demo {5}"将完成合并，新的页面名称默认将成为"JPetStore Demo"，我们再手动修改页面标题为"更新宠物数量"即可，如图 11.16。

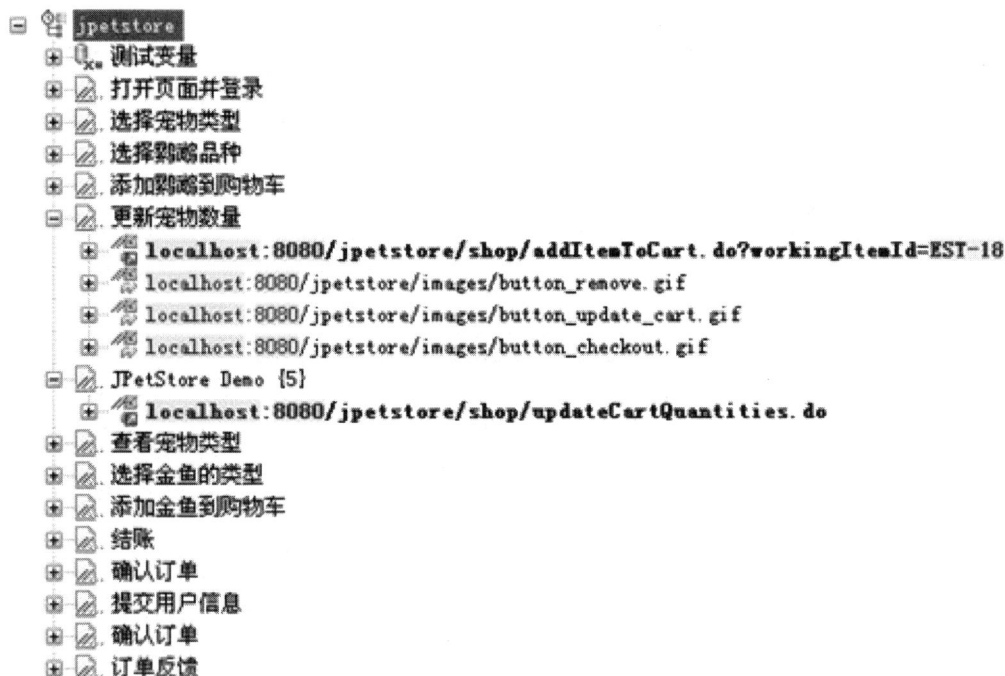

图 11.14　查看记录的页面

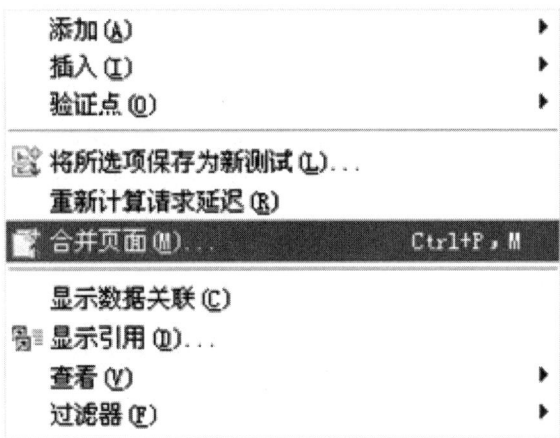

图 11.15　合并页面菜单

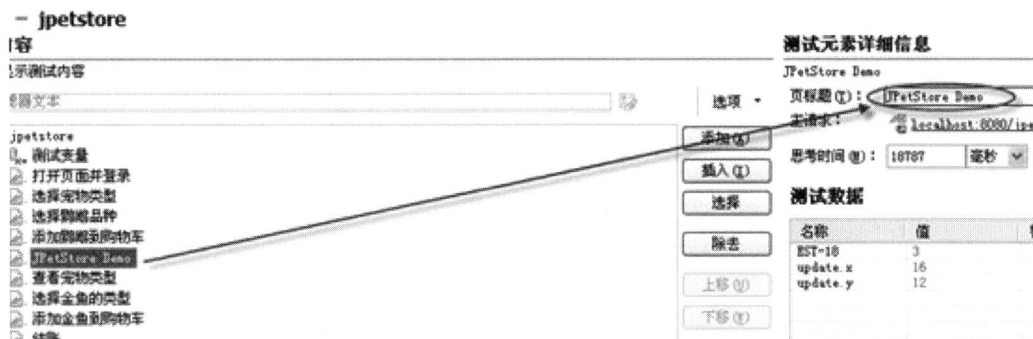

图 11.16　修改页面标题

　　至此，我们已经创建了一个性能测试。从图 11.16 中可以看到，在记录测试过程中我们浏览了 13 个页面，而 RPT 为我们记录了浏览器和应用之间的会话数据。最终测试的内容将如图 11.17 所示。

图 11.17　最终的页面标题列表

第十二章　建立性能测试验证点

一、基础知识

　　性能测试的目的是验证系统性能方面的各项指标是否符合生产环境的需要。在进行性能测试的过程中为了对某些指标进行测试，需要模拟出导致系统压力的用户行为和活动，并通过虚拟用户的行为和动作触发实际的性能测试过程。在功能测试中，是通过验证点来判断测试是否通过和系统的功能是否正确。与功能测试不同，在性能测试中，验证点并不是测试通过与否的检验标准，它只是验证虚拟用户与系统的交互是否正常的手段。本章节将对性能测试中的验证点进行说明，包括验证点的类型、用途和使用方法。

　　在性能测试中只有期望的系统行为发生了，我们才能准确的测定系统的各项指标，而验证点可以用来验证期望的系统行为是否发生，因此我们需要通过为测试设定验证点来保证测试的真实性和准确性。例如，在对一个购物网站的登陆系统进行性能测试时，我们的测试目标是衡量在 100 个用户同时成功登陆系统的响应时间。如果我们只是为测试创建了 100 个虚拟用户来执行登陆的行为，那测试出来的结果可能并不准确。因为这 100 个用户同时登陆时，可能会因为某些原因使其中的一些虚拟用户登陆失败，这样测试出的结果就不能代表 100 个用户成功登陆时的负载，因此测试的结果并不准确。我们需要为测试设定验证点，验证每一个虚拟用户是否成功登陆。例如，我们可以为登陆请求设定一个页面标题验证点，它通过对返回页面的标题进行比较来判断系统的响应是否为用户期望的结果。在登陆实例中，如果登陆成功将看到标题为"登陆成功"的页面返回。这个页面的标题就是一个很好的验证点，通过它就可以判断用户是否成功登陆。

　　在 RPT 中，当包含一个验证点的测试运行时，如果被期望的行为没有发生将生成错误报告。在 RPT 中支持四种验证点：①页面标题验证点：如果没有页面标题，或者标题与期望的不同，将生成错误报告；②响应代码验证点：如果响应代码与期望的不同，将生成错误报告；③响应大小验证点：如果响应的大小与期望的不同，将生成错误报告；④内容验证点：响应中是否包含了预期的字符？如没有，将生成错误报告。

　　页面标题验证点的最佳使用场合是在开发系统的用户界面时，每一个页面都有一个唯一的页面标题。这样就可以通过此标题来验证系统的响应是否与期望的响应相同。

　　响应代码验证点通过系统返回的响应代码来判断系统的响应是否正确。在"HTTP/HTTPS"的应用中，每一个请求的响应都对应一个响应代码，这些响应代码表示了不同的响应状态。例如，"404"代表"请求的页面或者资源不存在"，"500"代表"服务器内部出现错误"。我们可以使用这种验证点来验证系统运行状态。

　　响应大小验证点通过响应返回数据的大小来判断系统的响应是否正确。这种验证点的使用主要是为了判断在特定大小的响应返回数据时系统的性能情况。例如，在一个购物网站中，当一个用户通过关键字查找一个物品时，可能会出现很多符合条件的条目（例如 1000 条），如果在一个页面上显示所有的条目，返回的数据将非常大，用户将会等待很长时间。这种情况就需要分页显示。但是一页中显示多少个条目是最佳的，就需要通过为性能测试设定响应大小验证点来判定。

　　内容验证点通过判断响应内容中是否包含了特定的字符内容来判定测试是否正确，它支持正则表达式。我们可以通过这种类型的验证点来判断响应内容中是否包含了期望的数据。

二、实验目的

　　理解掌握 RPT 中创建验证点的目的，熟悉 RPT 中创建验证点的方法和过程。

三、实验内容

　　（1）在 RPT 中创建页标题验证点。

　　（2）在 RPT 中创建响应代码和响应大小验证点。

　　（3）在 RPT 中创建中创建内容验证点。

四、实验步骤

（一）创建页标题验证点

　　（1）创建一个性能测试项目，选择"文件"→"新建"→"性能测试"项目。

　　（2）在新建性能测试项目对话框的项目名称域中输入"ProjectTest"，点击"完成"。

　　（3）从记录新建测试对话框出现，提示你"是否现在就开始启动 HTTP 记录器开始录制性能测试"，选择"HTTP Test"，点击"下一步"。

　　（4）选择刚才创建的项目"ProjectTest"，并在记录文件名域输入"test1.rec"，点击"下一步"，选择测试客户机为"Microsoft Internet Explorer"，点击"完成"。

　　（5）当 HTTP 记录器启动完毕后，一个 IE 浏览器窗口出现，显示出"欢迎使用 RPT"记录页面。按照此页面的提示，在 IE 地址栏中输入要测试的 Web 应用的 URL，这里输入"http://localhost:8080/jpetstore"。

　　（6）在正式测试之前最好先清除浏览器临时文件和历史记录，如图 12.1 所示。

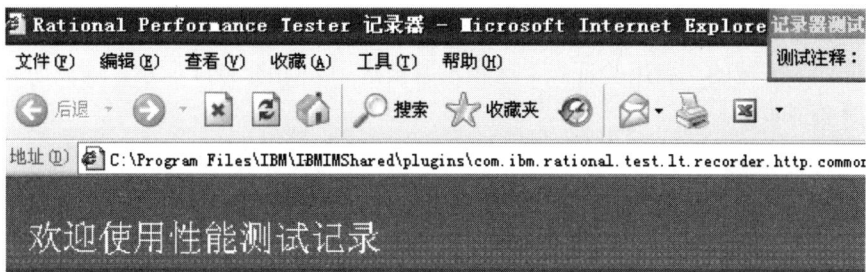

图 12.1　去除临时文件

（7）这时已经开始了需要记录的操作，在页面中点击"Enter the Store"链接，如图 12.2 所示。

（8）点击下一个图中的"sign-in"链接。

Welcome to the Spring JPetStore, by Juergen Hoeller

Based on the iBATIS JPetStore, by Clinton Begin

the middle tier, including declarative transaction management applied to POJO business
r transaction management, so it allows declarative transaction management in a web cor.

There are alternative Spring and Struts MVC layers built on a shared Spring middle tier.

Enter the Store

图 12.2　被测网站的首页

（9）关闭 IE 浏览器。记录停止，性能测试生成器生成了测试，在测试编辑器中打开。可以看到生成了"JPetstore Demo"，"JPetStore Demo{1}"和"JPetStore Demo{3}"三个页面，分别修改页面名称为"打开首页"、"浏览宠物分类"和"打开登录页面"。

（10）展开每个页面的文件夹，可以看到每个页面包含的请求。每个页面文件夹下的第一个请求是页面的主请求，如图 12.3 所示。

（11）点击"打开首

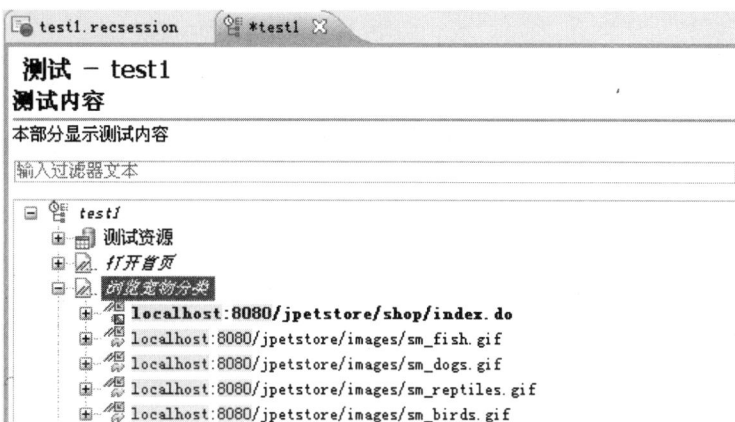

图 12.3　显示主请求

页"页面，右边的测试元素详细信息区域显示出此页面的各种信息。请注意最下方的"页面标题验证点"区域的"启用验证点"选项没有被选中，如图 12.4 所示，这表明此页没有启用页标题验证点。

图 12.4　查看页面标题验证点是否已经启用

（12）为"打开首页"页面启用页标题验证点。选中"打开首页"页面，右键点击鼠标，在弹出菜单中选择"验证点"右边子菜单中的"启用页面标题验证点"菜单项，如图 12.5 所示。

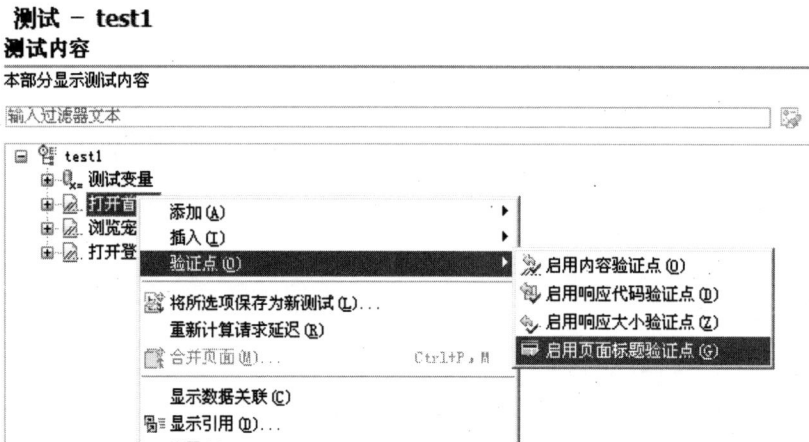

图 12.5　启用页面标题验证点

（13）一个对话框弹出，提示一个页标题验证点已启用，点击"确定"。

（14）这时查看右面的"页面标题验证点"区域，会发现"启用验证点"检查框被选中。这表明已经成功地为"打开首页"页面添加了一个"页面标题验证点"。点击"编辑属性"，可以对需要验证的页面标题进行编辑，如图 12.6 所示。

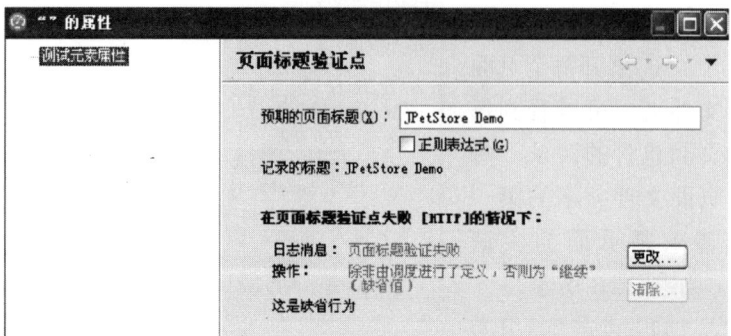

图 12.6　查看页面标题属性

（二）为一个测试添加响应代码和响应大小验证点

本实验是在上一个实验的基础上，为录制好的性能测试添加响应代码和响应大小验证点，所以请先完成上一个实验再进行本实验。

（1）展开页面"打开首页"页面，选中该页面的主请求"localhost:8080/jpetstore"，右键点击鼠标，选择"启用响应代码验证点"选项，如图 12.7 所示。

测试内容

本部分显示测试内容

输入过滤器文本

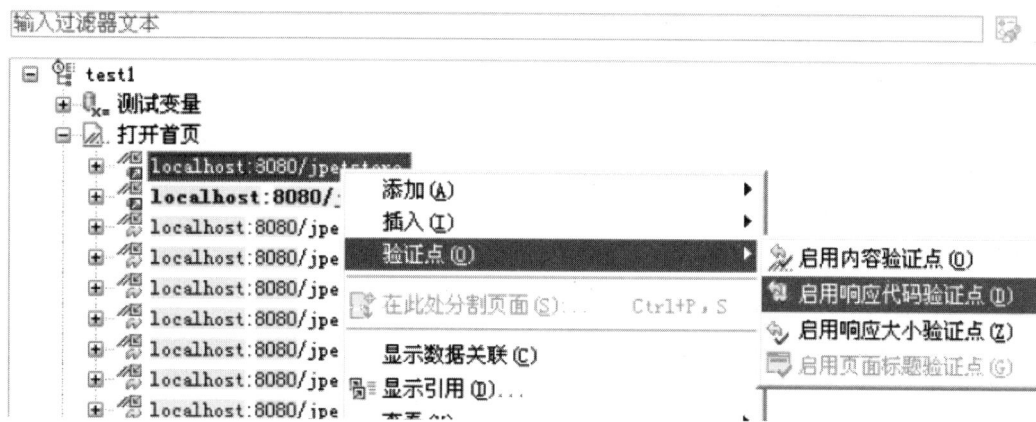

图 12.7 启用响应代码验证点

（2）一个对话框弹出，提示"一个响应返回码验证点已启用"，点击"确定"。

（3）展开"localhost:8080/jpetstore"请求页面，展开"响应：200 – OK"文件夹，将会看到响应代码验证点，如图 12.8 所示。

图 12.8 查看响应代码验证点

（4）选中"响应代码验证点"元素，右边的测试元素详细信息区域显示出验证点的信息。此验证点的记录响应代码为"200"，可以选择匹配方法，这里我们选择"模糊匹配"方法，如图 12.9 所示。至此，我们已经完成了添加响应代码验证点，接下来继续添加响应大小验证点。

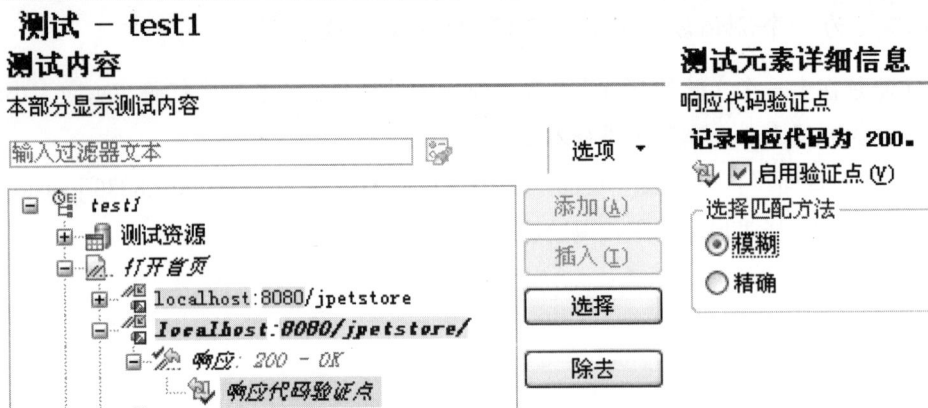
图 12.9　设置响应代码验证点的匹配方式

（5）再次选中该页面的主请求"localhost:8080/jpetstore"，右键点击鼠标，选择"验证点"对应子菜单中的"启用响应大小验证点"菜单选项。

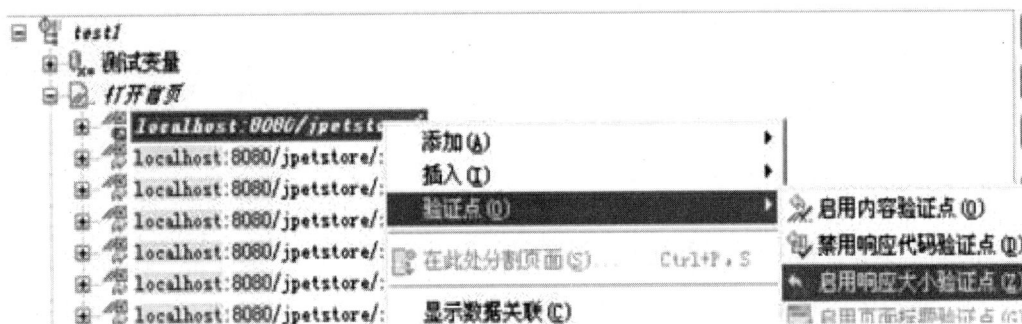
图 12.10　启用响应大小验证点

（6）一个对话框弹出，提示"一个响应大小验证点已启用"，点击"确定"。

（7）这时查看"响应： 200－OK"文件夹中一个响应大小验证点出现了，如图 12.11 所示。

图 12.11　查看响应大小验证点启动结果

（8）选中这个验证点，右边的测试元素详细信息区域显示出验证点的信息。此验证点的记录响应大小设置为"2380"字节 ，如图 12.12 所示。这里选择匹配方法为"范围（％）"。

测试 - test1

测试内容

本部分显示测试内容

| 输入过滤器文本 | | 选项 ▾ |

```
□ 🖳 test1
  ⊞ 🔳 测试资源
  ⊟ 🛫 打开首页
    ⊞ 🗐 localhost:8080/jpetstore
    ⊟ 🗐 localhost:8080/jpetsto
      ⊟ 🔆 响应:200 - OK
        🔆 响应大小验证点
        🔆 响应代码验证点
    ⊞ 🗐 localhost:8080/jpetstore/i
    ⊞ 🗐 localhost:8080/jpetstore/i
```

添加 (A)

插入 (I)

选择

除去

上移 (U)

下移 (W)

测试元素详细信息

响应大小验证点

记录的响应大小是 2,380 个字节。

🔆 ☑ 启用验证点 (V)

选择匹配方法

○ 精确:

○ 至少:

○ 至多:

○ 范围(字节):

◉ 范围(%):   10   %

图 12.12　设置响应大小验证点的验证方式

（9）运行测试，在测试导航器中右键点击测试"test1"，在弹出菜单中选择"运行方式"→"测试"。

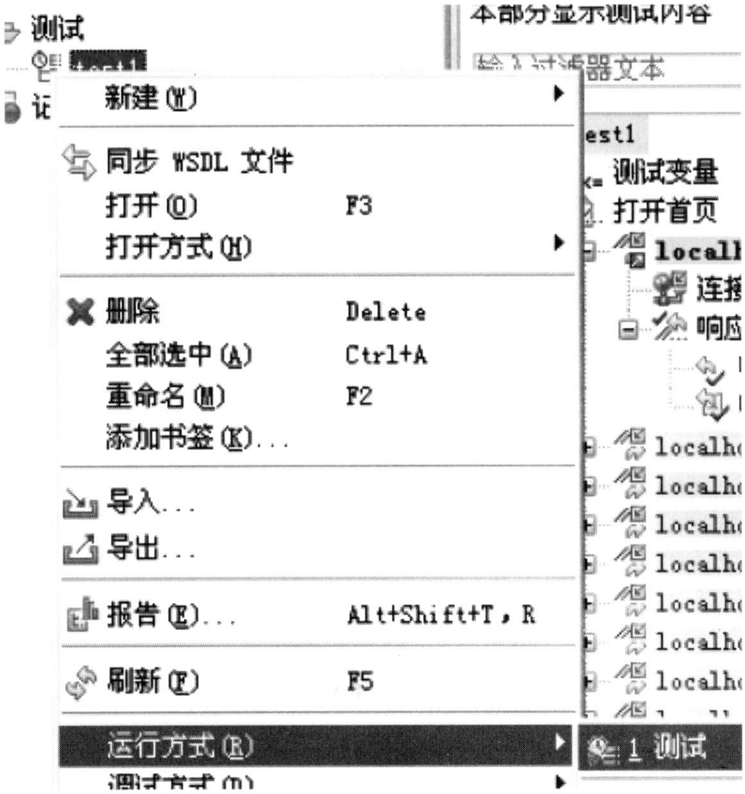

🗐 测试			本部分显示测试内容
🖳 测试 test1			输入过滤器文本
⊟ 证			
	新建 (W)	▶	
			test1
	🔄 同步 WSDL 文件		✕= 测试变量
	打开 (O)	F3	🛫 打开首页
	打开方式 (H)	▶	🗐 local
			🗐 连接
	✕ 删除	Delete	⊟ 🔆 响应
	全部选中 (A)	Ctrl+A	
	重命名 (M)	F2	
	添加书签 (K)...		
			🗐 localho
	🗐 导入...		🗐 localho
	🗐 导出...		🗐 localho
			🗐 localho
	🗗 报告 (E)...	Alt+Shift+T, R	🗐 localho
			🗐 localho
	🔄 刷新 (F)	F5	🗐 localho
	运行方式 (R)	▶	🔆 1 测试
	测试方式 (M)	▶	

图 12.13　运行性能测试

（10）启动测试对话框弹出提示启动进度。

（11）测试执行完成后，在测试编辑器中打开性能报告，点击标签页中的摘要。从报告中可以看出，所设定的验证点都已通过，如图 12.14 所示。

至止，我们已完成了响应代码和响应大小验证点的添加，并运行了测试查看了测试报告。

页面摘要

通过的页面验证点百分比 [运行期间]	100
通过的页面验证点总数 [运行期间]	1
页面尝试总数 [运行期间]	3
页面命中总数 [运行期间]	3
所有页面的平均响应时间 [毫秒] [运行期间]	92.3
所有页面的响应时间标准偏差 [运行期间]	54
所有页面的最长响应时间 [毫秒] [运行期间]	124
所有页面的最短响应时间 [毫秒] [运行期间]	30

页面元素摘要

通过的页面元素验证点总数 [运行期间]	2
通过的页面元素验证点百分比 [运行期间]	100
页面元素尝试总数 [运行期间]	26
页面元素命中总数 [运行期间]	26
所有页面元素的平均响应时间 [毫秒] [运行期间]	7.81
所有页面元素的响应时间标准偏差 [运行期间]	14.9

图 12.14　运行结果摘要

（三）为一个测试添加内容验证点

本实验需要先完成前两个实验。

（1）在添加内容验证点之前，要明确验证的内容是什么。展开"打开首页"页面中的主请求"localhost:8080/jpetstore"，选中"响应"，可以在测试元素详细信息部分看到响应的内容，如图 12.15 所示。

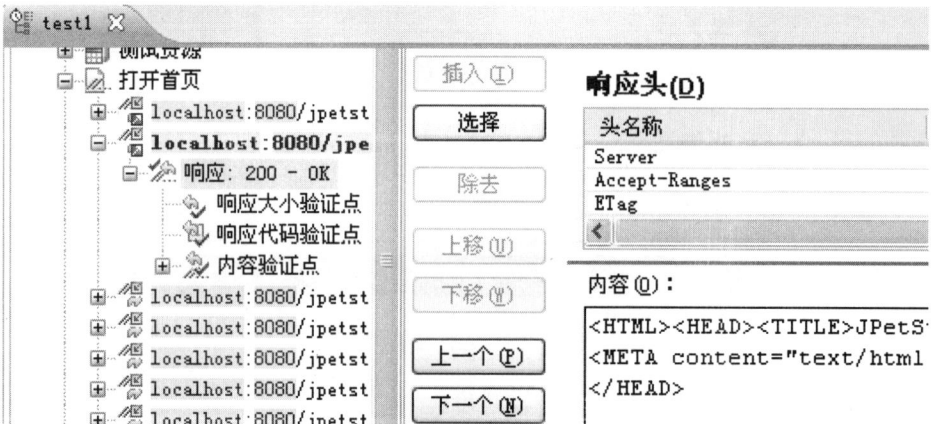

图 12.15　查看页面内容

（2）在响应内容中随意选取一段内容，例如："This application demonstrates"。

（3）选中主请求"localhost:8080/jpetstore"，右键点击鼠标，选择"启用内容验证点"选项。

（4）一个对话框弹出，提示定义内容验证的方式和内容。可以选择验证的方式，验证的结果分为合格和不合格两种，判定的条件有四种，通过下拉菜单选择，如图 12.16 所示。

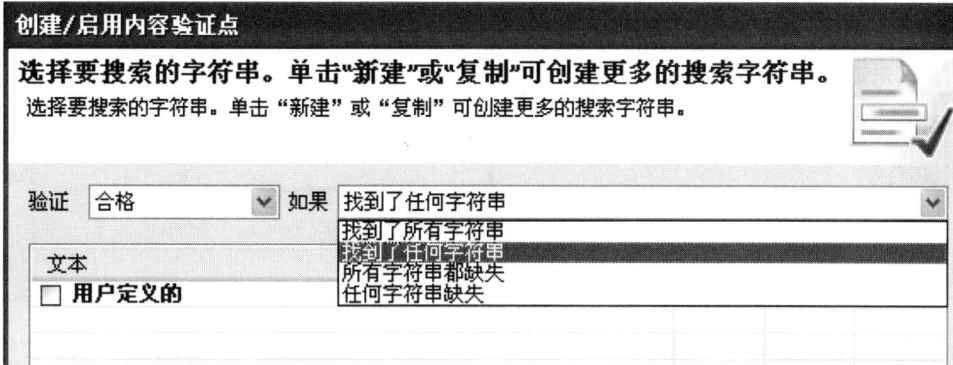

图 12.16　设置内容验证点的验证方式

（5）点击新建字符串，输入"This application demonstrates"，点击"确定"并关闭该对话框，如图 12.17 所示。

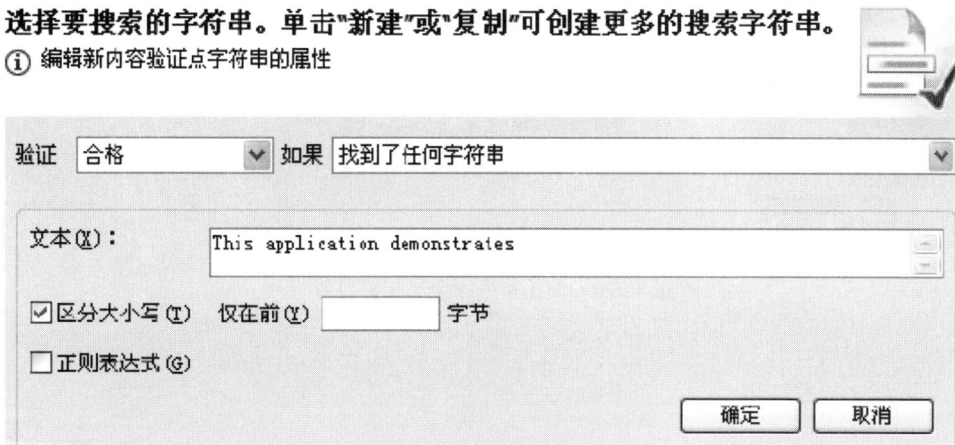

图 12.17　内容验证点的设置参数

（6）可以在此处添加任意多的用户定义字符串，如图 12.18，这里勾选上刚新增的字符串，点击启用按钮。

图 12.18　选择内容字符串

（7）运行测试，在测试导航器中右键点击测试"test1"，在弹出菜单中选择"运行方式"→"测试"。

（8）测试执行完成后，在测试编辑器中打开性能报告，点击标签页中的"摘要"。从摘要报告中可以看出，所设定的验证点都已通过，如图 12.19 所示。

页面元素摘要

通过的页面元素验证点总数 ［运行期间］	3
通过的页面元素验证点百分比 ［运行期间］	100
页面元素尝试总数 ［运行期间］	26
页面元素命中总数 ［运行期间］	26
所有页面元素的平均响应时间 ［毫秒］ ［运行期间］	1.73
所有页面元素的响应时间标准偏差 ［运行期间］	4.89

图 12.19　页面内容验证点测试结果

在录制完性能测试脚本后，手动添加验证点很麻烦，我们可以通过修改首选项中全局的参数来自动为录制的脚本加上验证点，如图 12.20 所示。

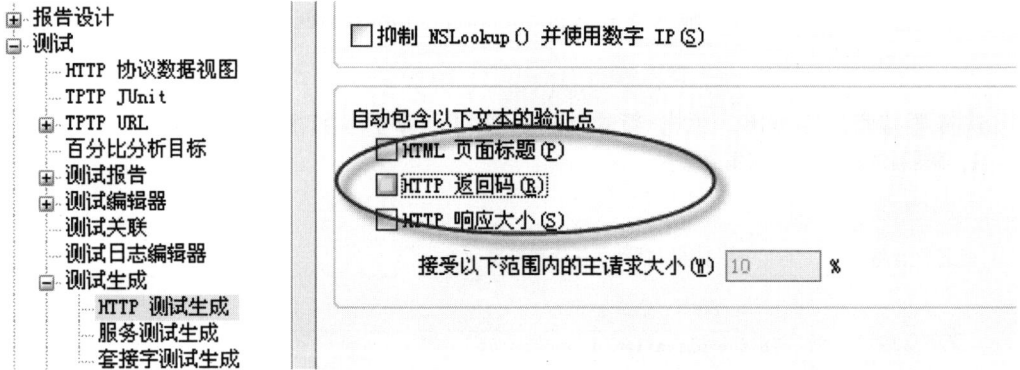

图 12.20　设置验证点全局配置参数

第十三章 RPT 中的数据驱动测试

一、基础知识

数据驱动测试是一项单个测试脚本能够重复地使用不同的输入和响应数据的技术，这些数据来源于一个预定义的数据集。数据驱动测试技术在自动化测试领域有着非常重要的地位，我们可以通过它来实现更加高效和准确的测试运行。

当通过数据来驱动一个测试脚本时，脚本将使用变量作为应用的关键输入。通过使用变量，脚本能够使用来自外部的数据代替应用测试中的文字值。通常数据驱动测试使用来自数据池的数据作为测试的输入。数据池是相关数据记录的集合，在脚本回放时数据池能够为测试脚本提供实际的测试数据。

数据驱动测试在数据与测试脚本之间设置了一个抽象的层次，这样可以消除测试脚本中的常量值。因为数据被从测试脚本中分离出来了，所以可以：①在不影响测试脚本的情况下，修改测试数据；②通过修改数据而不是测试脚本来添加新的测试用例；③在多个测试脚本之间共享测试数据。

下面的例子说明了数据驱动测试能够解决的问题。

问题①：在测试录制过程中，我们使用员工的唯一社会保险号为一位新员工创建了一个个人文件，每次测试运行时，系统都会提示数据库中已经存在了相同社会保险号的记录。

解决方法：我们能够使用数据驱动的测试来向应用提供不同的员工数据，包括社会保险号。

问题②：在我们录制测试时，我们删除了一条记录，在测试运行时，测试工具将试图删除相同的记录，系统会提示"记录无法找到"的错误信息。

解决方法：我们可以在测试回放中，使用数据驱动的测试来引用不同于在录制时删除的记录。

在被测试应用的一个会话期间，测试人员实际上使用了真实用户将使用的特性。从一个被录制的会话中，一个包含了测试人员输入的精确数据的测试被生成。例如，为了对基于 Web 的购物应用创建一个性能测试，测试人员必须模拟使用应用的各种角色的操作并输入适当的数据。在测试的回放阶段，测试人员可能需要数百个交易实例同时运行，而每一个实例可以有不同数量的模拟用户。为了在回放期间模拟上百个分离的用户，测试人员应该创建数据池。

二、实验目的

掌握 RPT 中设置数据驱动测试和建立数据池的方法。

三、实验内容

（1）创建一个数据池并向数据池添加数据。

（2）将测试中的值与数据池的列进行关联。

四、实验步骤

（一）创建一个数据池并添加数据

本节实验将学习如何为测试创建一个数据池，并手动向数据池中添加数据。

（1）打开一个项目，可以使用前一章实验中创建的项目。

（2）鼠标右键点击项目"ProjectTest"，选择"新建"→"数据池"，如图 13.1 所示。

图 13.1　新建数据池

（3）新建数据池对话框打开，在文件名域中输入"datapool1"，点击"下一步"。

（4）数据池"datapool1"出现在测试导航器的"ProjectTest" 项目中，如图 13.2。

图 13.2　查看数据池

（5）点击数据池的"等价类 1"标签，一个等价类显示出来，如图 13.3 所示。

图 13.3　查看数据池等价类

（6）鼠标右键点击表格的任意位置，选择"插入变量"选项。

（7）添加变量对话框打开，在"名称"域输入密码，在"类型"域输入"string"，点击"确定"。密码列出现在数据池中，如图 13.4 所示。

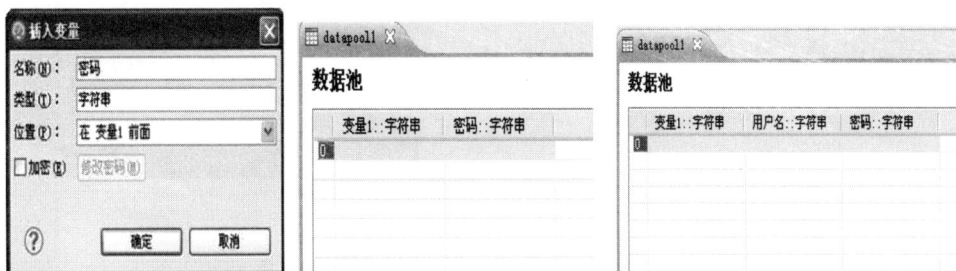

图 13.4　为数据池添加密码变量

（8）重复上面的操作，添加用户名列。

（9）删除变量"1"。

（10）添加一行记录，鼠标点击用户名下的单元格，输入"zhang"；同理，在密码下面的单元格中输入"zhang"，如图 13.5 所示。

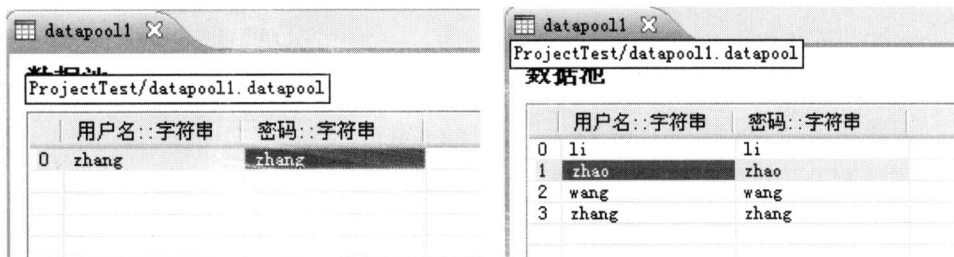

图 13.5　为数据池添加记录

（11）鼠标右键点击表格的任意位置，选择"添加记录选项"，创建三条记录。

（12）保存测试。

至止，我们已经为数据池"datapool1"添加了四条记录。

（二）将测试中的值与数据池的列关联

从记录过程中，一个精确反映你与应用程序交互的测试被生成。如果你运行一个没有进行修改的被生成的测试，测试使用你录制这个测试时的精确数据。例如，假设你已经录制了一个对员工数据库搜索"张三"的一个测试。如果你对测试不进行修改，你使用 10个虚拟用户运行测试，每一个虚拟用户都在查找"张三"。这也许并不是你想要得到的结果。相反，你想要的测试数据是：每个测试实例应该查许不同的名字。你能通过使用数据池来实现这一点。

本实验将会录制网站的测试，并将测试中记录的用户名和密码值与上一实验中创建的数据池 datapool1 中的两个变量进行关联。

（1）打开前面实验中使用的"ProjectTest"项目，选择"新建"→"从记录测试"选项，如图 13.6 所示。

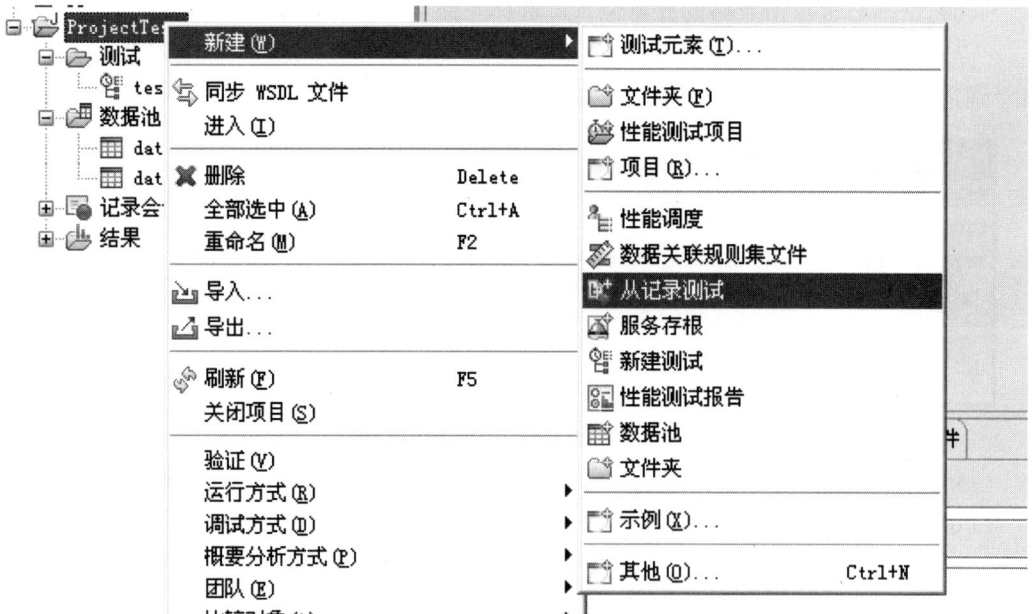

图 13.6　新建测试

（2）测试性质选择"HTTP Test"，点击"下一步"。

（3）输入测试名称"testdatapool"，点击"下一步"。

（4）客户端程序选择"Microsoft Internet Explorer"，点击"完成"。

（5）录制开始，在打开的浏览器的地址栏中输入："http://localhost: 8080/jpetstore/shop/signonForm.do"，网站登录主页显示出来，点击"Submit"按钮。

（6）登陆成功页面出现，如图 13.7 所示。关闭浏览器，停止录制。

图 13.7　登录成功页面

（7）"测试 testdatapool"生成，在测试编辑器区域的测试内容中，显示出两个页面，如图 13.8 所示。

（8）分别将两个页面的名称修改为"打开登录页面"和"登录"。

（9）点击"登录"页面，在测试元素详细信息区域的测试数据部分，可以看到默认显示待替换的变量为"update.x"和"update.y"。这是 RPT 自动识别的将要被数据池变量替换的变量。而这显然不是我们所需要的，可以在测试数据部分点击"选项"→"显示引用"→"全部"来显示更多的测试数据，如图 13.9 所示。图 13.10 则显示了包括登录变量 username 和 password 的测试数据。

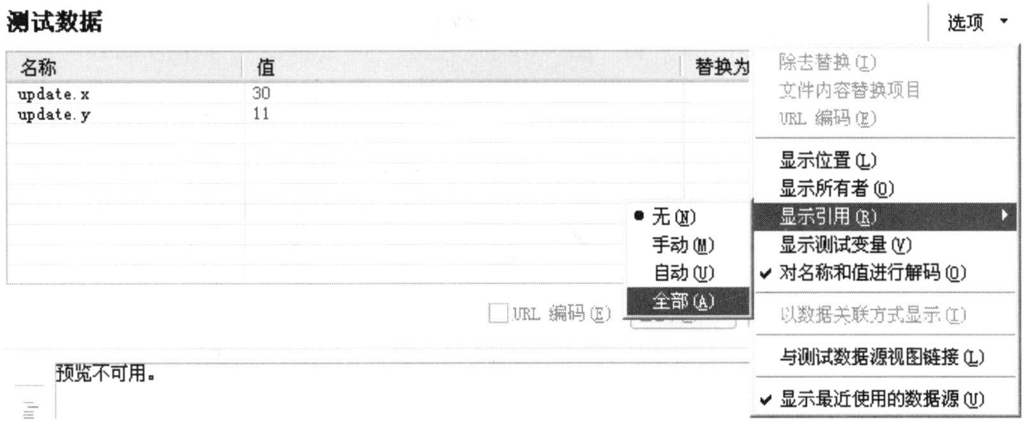

图 13.8　测试内容显示的页面

图 13.9　选择显示所有变量

图 13.10　查看所有变量

（10）在 RPT 中，点击"窗口"→"首选项"→"测试编辑器"→"颜色和字体"，查看不同状态的变量对应的颜色，如图 13.11 所示。可以看到测试数据中出现的"username"和"password"的颜色都是"已替换"，这是因为在打开登录页面的时候，"username"和"password"两个输入框的数值已经自动填充，因此这里在"替换为"列中就有对应的数据。

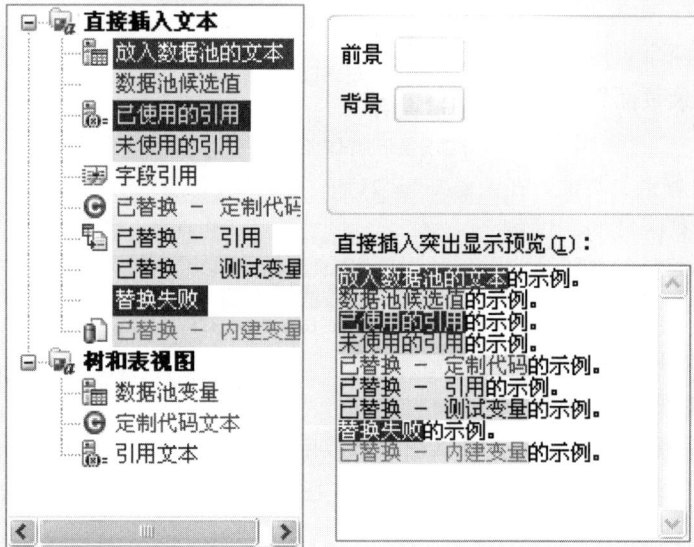

图 13.11　设置变量状态的显示方式

（11）分别点击"username"和"password"，点击"除去替换"，如图 13.12。

图 13.12　去除变量替换

（12）可以看到，测试变量"username"和"password"的颜色已经变成淡绿色，字体变为斜体，如图 13.13 所示。参照前面的步骤可以知道，RPT 已经自动将这两个变量识别为数据池候选值。

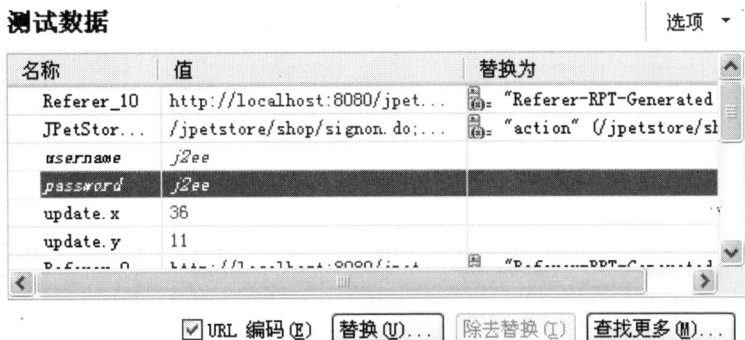

图 13.13　对变量除去替换

（13）选择变量"username"，点击"替换"→"选择数据源"，如图 13.14 所示。

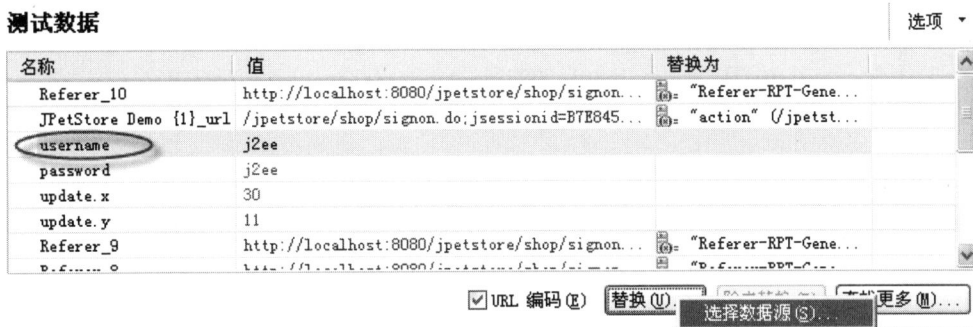

图 13.14　设置变量来源

（14）在选择数据源对话框中，点击之前创建的数据池。

（15）选择"datapool1.datapool"，选择"列："选项中的"用户名"，点击"完成"，如图 13.15 所示。

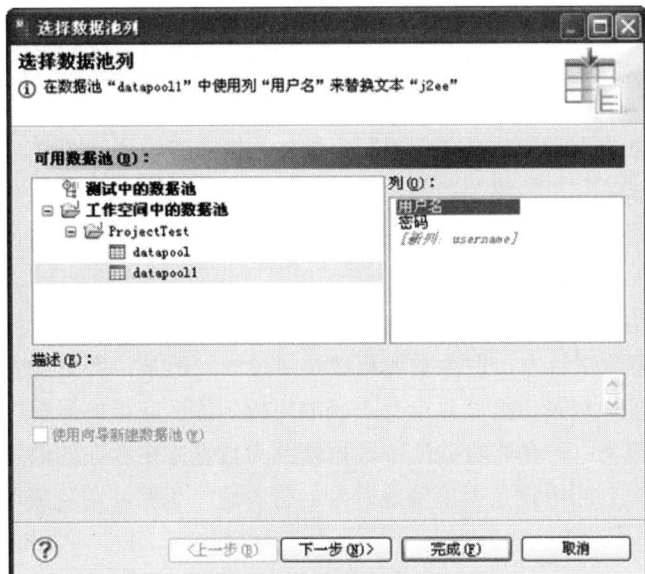

图 13.15　选择数据池和列名

（16）在选择数据源对话框中，将"datapool1 数据池的用户名变量"勾选上，点击"选择"如图 13.16 所示。

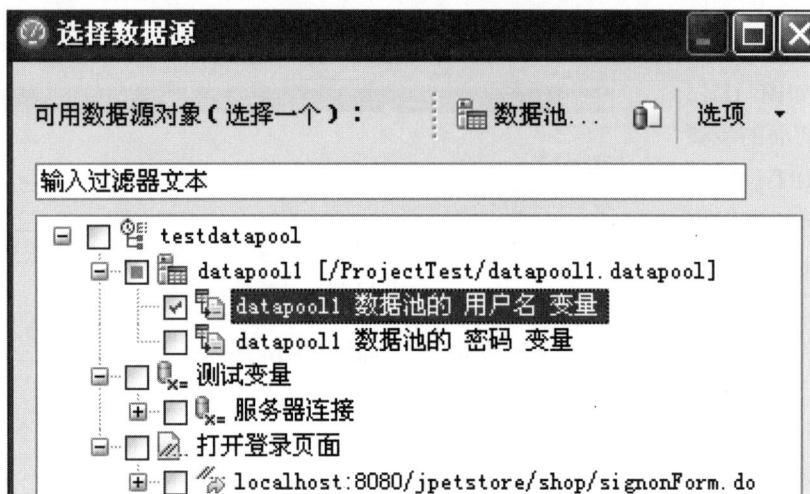

图 13.16　选择列变量

（17）这时测试数据值"j2ee"变为了深绿色的高亮，这表明关联已经设置好，如图 13.17 所示。

图 13.17　关联数据池后的变量状态

（18）以同样的方法设定"password"变量与数据池密码列的关联。

（19）保存测试。

至止，我们已经为录制的测试中的对象建立了与数据池中列变量之间的关联。

思考：

如果这个时候运行该测试，会发现测试也能顺利的通过，而页面和页面元素返回的都是 100%。即使观察测试日志，也会发现测试是通过的。但是，数据池中的数据不正确，用户根本就不能正确地登录，测试并没有正确的完成。那么应该如何解决这个问题呢？可以从以下两个方面思考：一是将数据池中数据修改为数据库中存在的数据；二是在测试中添加验证点，这样来判断用户是否正确地登录。带着这个思路，请完成验证测试的工作。

第十四章　　RPT 中的数据关联和测试事务

一、基础知识

当测试人员通过 RPT 记录了一个测试后，RPT 会自动的生成可以回放的测试代码。但这个测试仅仅是能够真实模拟现实情景的一个基础，我们还需要针对特定的需求对生成的测试进行进一步的扩展。本章节将介绍如何在 RPT 中扩展一个测试。

扩展测试主要是通过测试编辑器来完成的，我们能够在测试编辑器中为已经创建的测试脚本添加测试元素，或者修改某些具体元素的详细设置。本章节将从以下三个主要的方面来学习如何扩展一个测试。

（1）测试编辑器：学习测试编辑器中用于扩展测试的一些常规方法。

（2）关联测试中的响应与请求：Web 应用中 HTTP 响应与请求的关联是一个很常见的情况，本章将介绍具体的操作方法。

（3）向测试中添加元素：向测试中添加各种帮助测试真实模拟用户负载的测试元素。

以上部分内容是扩展测试的三种常用情况，他们之间本质上是独立的，没有依赖关系，但是可以根据具体的需要将他们结合使用。

RPT 可以将一组测试元素指定为命名的事务处理并在每个测试执行之后观察有关该事务处理的性能数据。事务处理是对性能测试中感兴趣部分测试的集成，可以向测试中加入空的事务处理，但一般情况是，将现有的测试部分（页面或页面请求）指定为命名的事务处理。当观察测试结果时，可以观察已经指定的任何事务处理的性能数据。

二、实验目的

掌握 RPT 中关联数据的方法；理解测试事务，掌握创建测试事务的方法。

三、实验内容

（1）查看数据关联。

（2）添加一个测试事务。

四、实验步骤

（一）查看数据关联

本实验首先设置"性能测试生成"选项，启用"自动关联 HTTP 数据"。然后录制一个性能测试，并打开测试查看自动生成的关联数据。

（1）点击"窗口"→"首选项"，展开"测试"节点，选择"测试生成"。在数据关联区域，选中"启用自动数据关联"选项，点击"确定"，关闭首选项窗口。

（2）录制一个性能测试，命名为"testcordata"。

（3）输入"http://localhost:8080/jpetstore/shop/signonForm.do"，点击"Submit"按钮，如图 14.1 所示。

图14.1　登录页面

（4）点击金鱼链接，选择第一条记录，如图 14.2 所示，点击"Add to Cart"按钮。

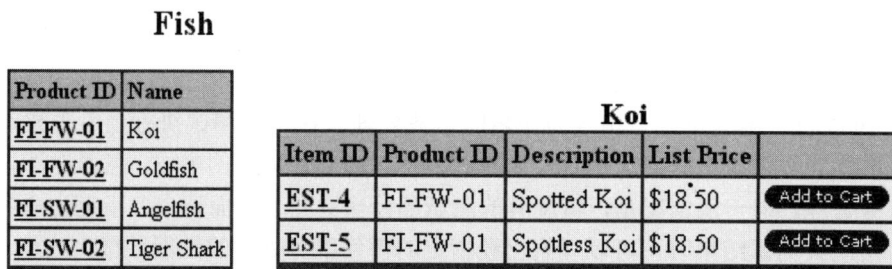

图14.2　录制中的操作

（5）关闭浏览器。

（6）生成的测试在测试编辑器中打开，修改页面标题便于理解，如图 14.3 所示。

图14.3　修改页面标题

（7）展开"浏览宠物种类"页面，点击 "/jpetstore/shop/viewCategory.do?categoryId= FISH"请求，显示测试元素详细信息如图 14.4 所示。

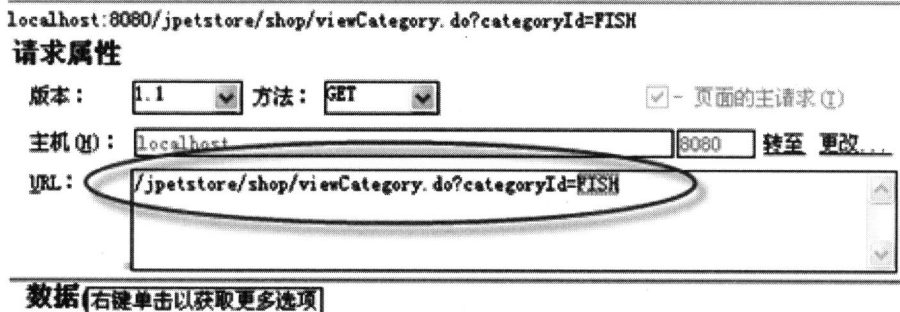

图14.4　查看页面请求

（8）观察测试元素详细内容区域的 URL 域的内容，"FISH"的颜色是浅红色，这表明"FISH"与其他的值进行了关联。

（9）双击"FISH"进行全选，点击右键然后选择"转至"→"引用：'categoryId_2'"，如图 14.5 所示。

图14.5　设置请求变量的关联

（10）在测试元素详细信息区域的内容表格中，可以看到 HTML 文本中的一个超链接中含"FISH"这段文字是深蓝色，表示作为响应这个值已经与后面的请求关联了起来，如图 14.6 所示。

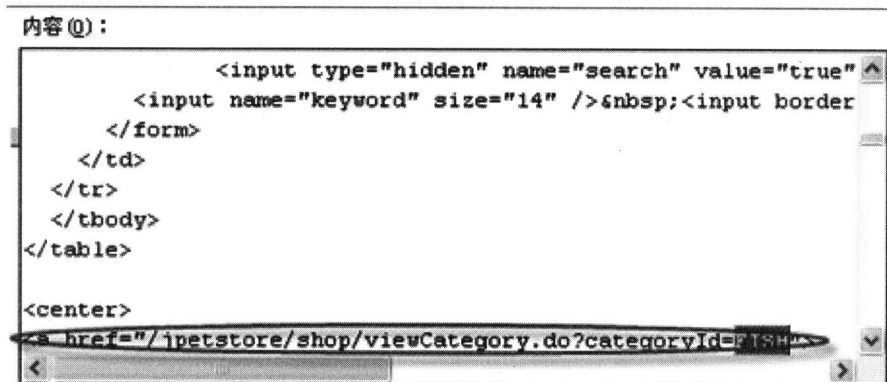

图14.6　显示关联结果

（11）可以根据测试的需要，将其他的值进行关联，也可以删除自动生成的关联，如图 14.7 所示。

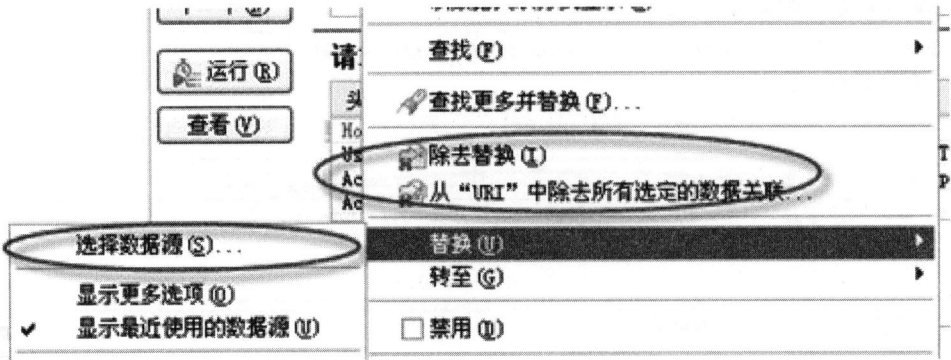

图14.7　取消关联

（二）添加测试事务

本实验将向录制好的测试中添加一个事务，并运行测试查看测试结果。

（1）录制一个测试，命名为"testtrans"。

（2）输入"http://localhost:8080/jpetstore/shop/signonForm.do"，点击"Submit"按钮。

（3）点击金鱼链接。

（4）选择第一条记录。

（5）点击"Add to Cart"按钮。

（6）关闭浏览器。

（7）生成的测试在测试编辑器中打开，修改页面标题便于理解，如图 14.8 所示

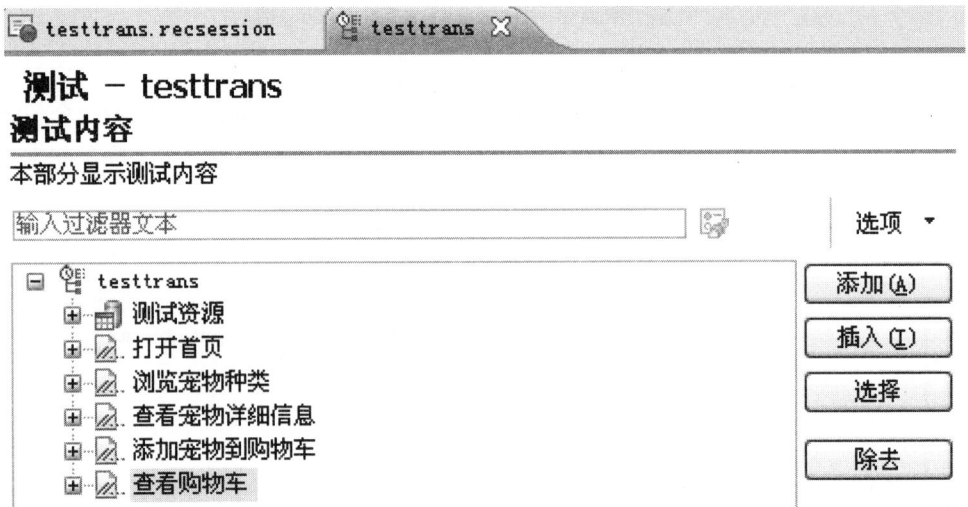

图14.8　修改页面标题

（8）在"查看宠物详细信息"页面上添加一个页面标题验证点，如图 14.9 所示。

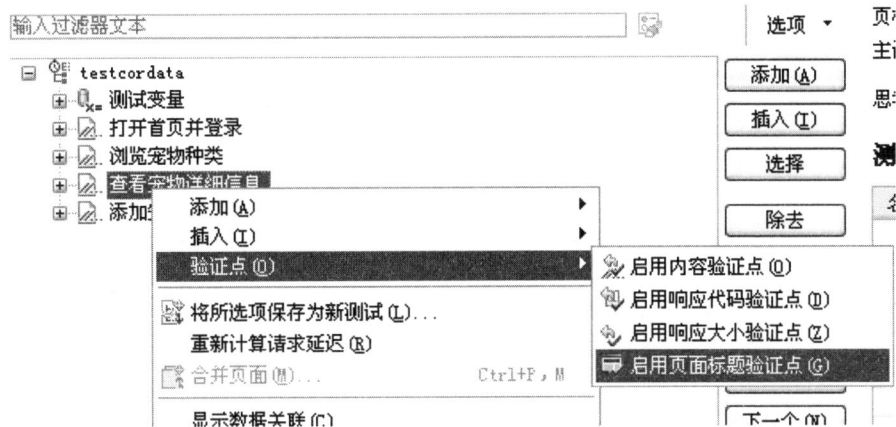

图14.9　添加页面标题验证点

（9）预期的页面标题还是保留为"JPetStore Demo"，因为标题"查看宠物详细信息"是我们根据自己的理解修改过来的，但是实际上测试运行时页面标题还是"JPetStore Demo"，如图 14.10 所示。

图14.10　查看预期结果

（10）在"添加宠物到购物车"页面添加响应大小验证点，如图 14.11 所示。

图14.11　设置响应代码验证点

（11）同时选中"查看宠物详细信息"页面和"添加宠物到购物车"页面，右键点击并选择"插入"→"事务"，如图 14.12 所示。

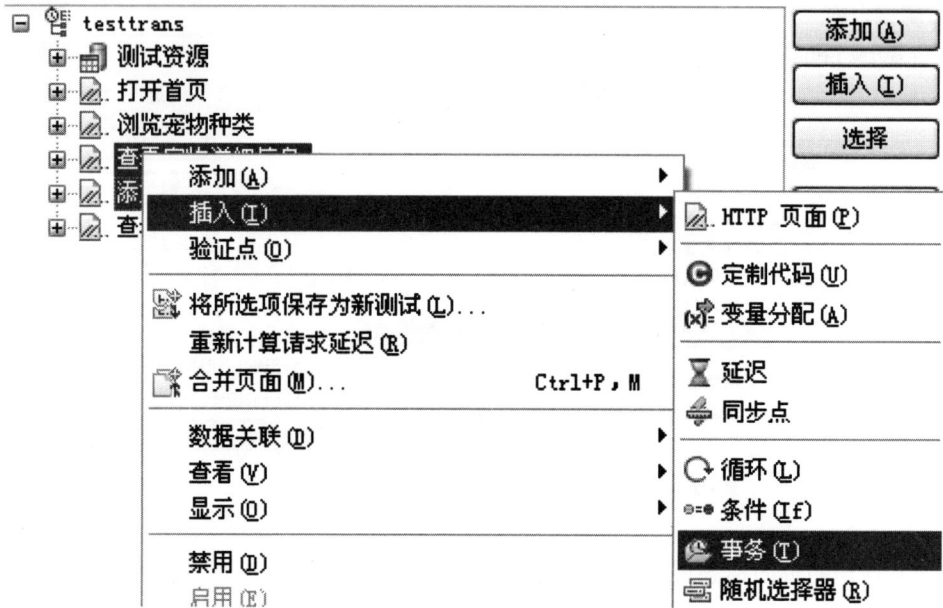

图14.12　插入事务

（12）在测试内容区域，出现了"事务: testtrans"文件夹，它的下面是我们添加的事务页面，如图 14.13 所示。

图14.13　查看事务结构

（13）运行测试"testtrans"并查看概要日志。可以看到添加的事务的概要日志信息，如图 14.14 所示。

事务摘要

所有事务的平均耗用时间 [毫秒] [运行期间]	3,031
所有事务的最长耗用时间 [毫秒] [运行期间]	3,031
所有事务的最短耗用时间 [毫秒] [运行期间]	3,031
完成事务总数 [运行期间]	1
启动事务总数 [运行期间]	1
所有事务的耗用时间的标准偏差 [运行期间]	0

图14.14　查看事务报告

（14）在性能测试运行视图可以看到测试的运行历史信息，如图 14.15 所示，在"testtrans"测试的执行历史中出现了事务文件夹。

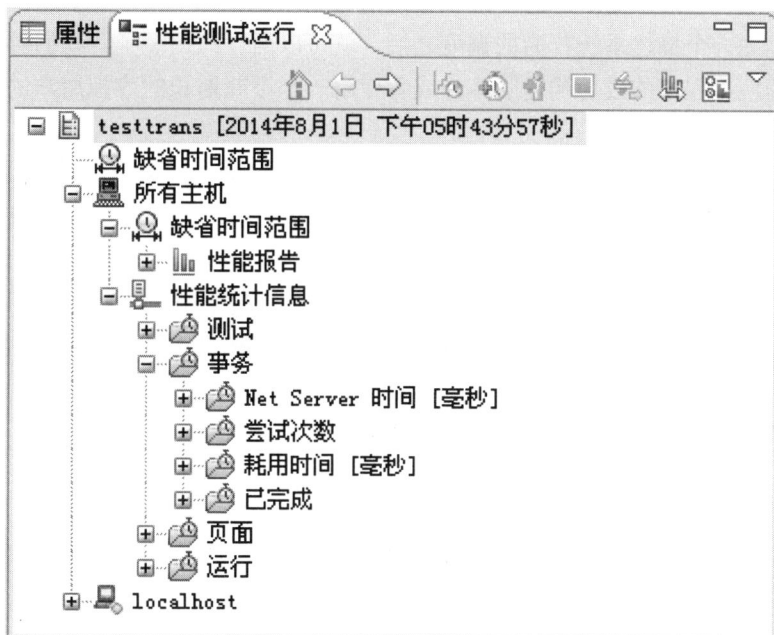

图14.15　观察事物信息

（15）关闭日志报告。

第十五章　RPT 中的测试调度

一、基础知识

在 RPT 中一个调度既可以模拟简单的如一个虚拟用户运行一个测试,也可以模拟复杂的如分布在不同组的几百个虚拟用户,每个用户在不同的时间运行不同的测试。

一个调度是运行一个测试的"引擎",调度的作用远超过运行测试的简单目的。有了一个调度,我们可以:①将测试分组到不同的用户组下,以模拟不同类型用户的动作;②设置测试运行顺序:顺序,随机,或者按照加权顺序;③设置每个测试运行时间的数量;④按照一定的比例运行测试;⑤在远程位置运行用户组。

当创建完一个描述系统行为的调度之后,就可以运行此调度了。我们可以使用还未经完全测试的应用程序的成功构建版本,或者使用一个不断增长的虚拟用户的数量,然后再来分析所报告的结果。

RPT 中的用户组使得能够按照一个逻辑顺序来分组测试。用户组可以:

（1）按照特性来分组测试。例如,可以分成两个用户组:一个客户组和一个工作人员组来表示系统上的用户类型。

（2）影响测试运行的顺序。当运行一个调度时,每个用户组中的第一个测试并行而非串行的运行。在一个用户组完成第一个测试后,运行第二个测试,然后是第三个,等等。

二、实验目的

掌握 RPT 中创建调度的方法,理解任务调度的含义。

三、实验内容

创建一个测试调度并运行测试调度。

四、实验步骤

本实验的目的是帮助大家能更好的理解和实践性能测试调度的概念和使用方法。在实验中我们将记录一个浏览并定购一个宠物的操作,创建一个测试调度和两个用户组,两个用户组分别代表两组人群。我们将为两个用户组设置用户数量百分比,这样在测试调度运行时,就可以模拟出两组不同的用户按照一定比例对目标网站产生的负载。

（1）录制一个性能测试,命名为"testindex"。

（2）浏览器窗口打开。输入"http://localhost:8080/jpetstore/shop/index.do",点击回车

键。

（3）点击页面中的金鱼图标。

（4）点击"FI-FW-01"链接。

（5）点击第一条记录的"Add to Cart"链接。

（6）修改"Quantity"列的数量为"5"，点击"Update Cart"，如图 15.1 所示。

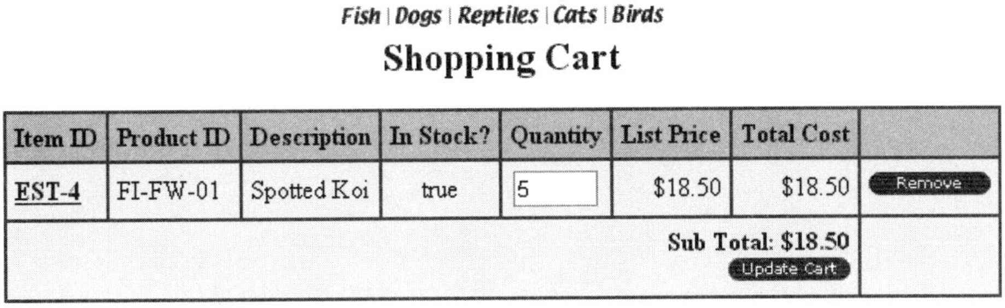

图15.1 修改订购的数量

（7）关闭浏览器。RPT 自动生成测试脚本并在测试编辑器中打开。

（8）修改页面标题，如图 15.2 所示。

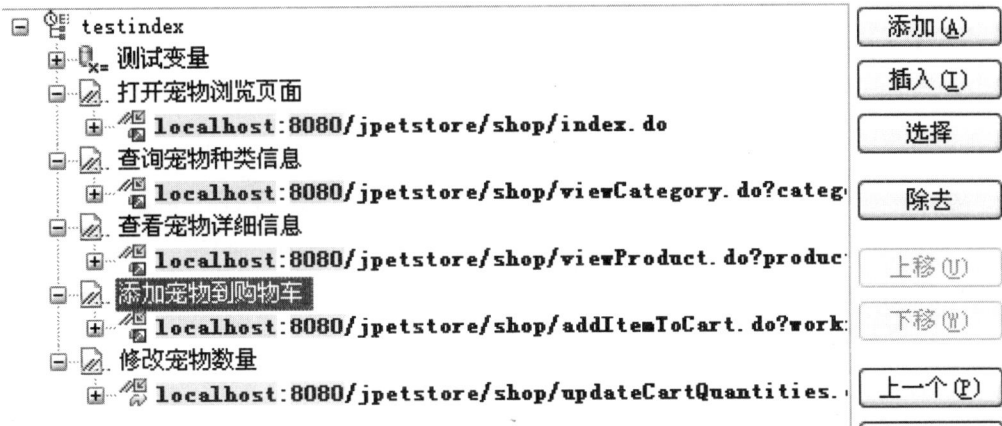

图15.2 修改页面标题。

（9）在项目视图中右键点击项目选择"新建"→"性能调度"，如图 15.3 所示。

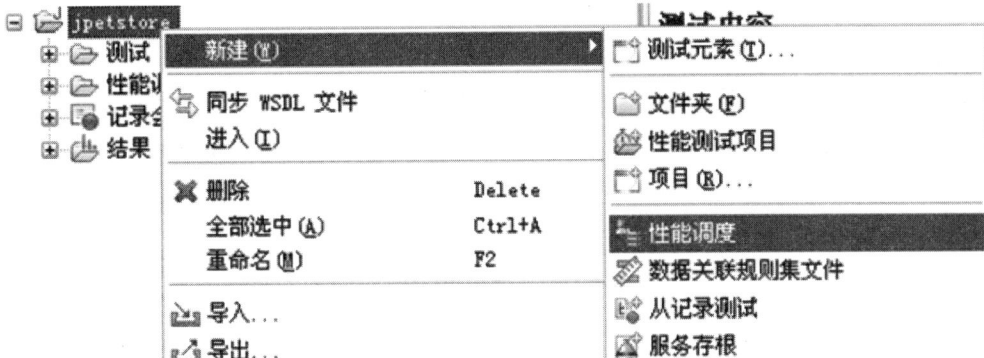

图15.3 新建性能调度

（10）在性能调度窗口的文件名域，输入"1"作为性能调度名，如图 15.4 所示，点击"完成"。

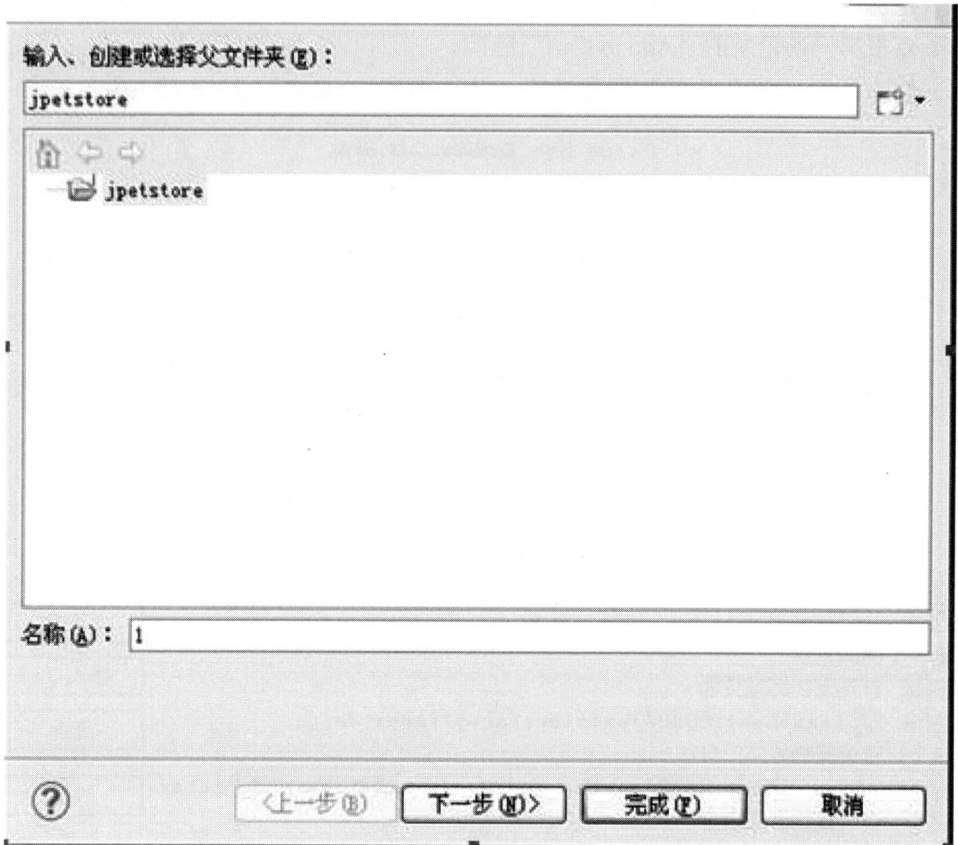

图15.4　创建调度名称

（11）选中"1"，在调度内容区域，右键点击"1"，选择"添加"→"用户组"，如图 15.5 所示。

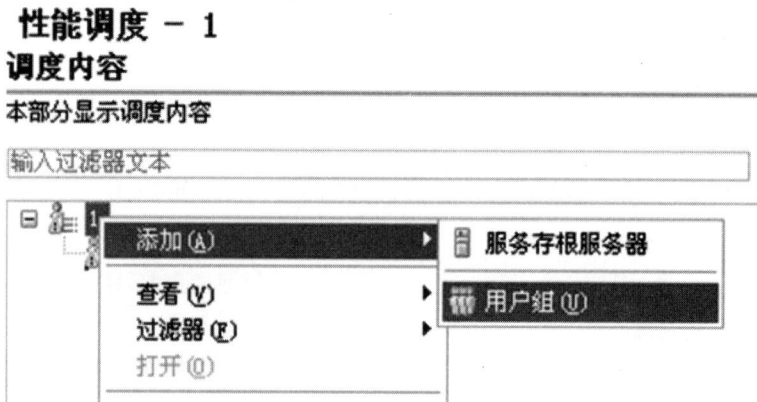

图15.5　添加用户组

（12）加上原有的"用户组 1"，"1"已经有了两个用户组（"用户组 1"和"用户组 2"），如图 15.6 所示。

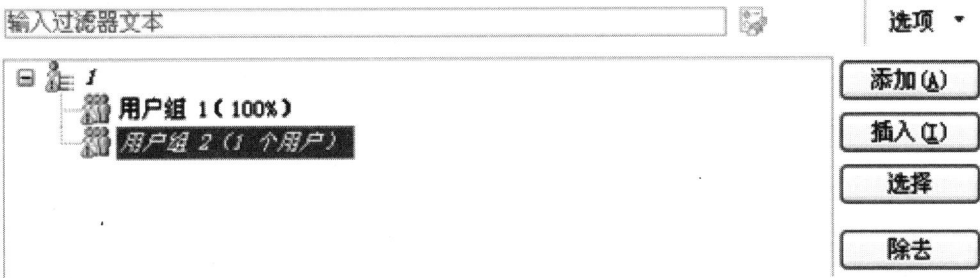

图15.6　查看用户组

（13）为用户组起一个有意义的名字。选中"用户组1"，在调度元素详细信息区域的组名域输入"客户组1"。同样，将"用户组2"改名为"客户组2"并设置用户组的组大小参数。选中"客户组 1"并在"组大小"域选中"百分比"文本框中输入"30"，如图15.7所示。

图15.7　设置用户组的调度比例

（14）选中"客户组2"并在组大小域选中"百分比"输入"70"。

（15）为用户组添加测试。选中"客户组 1"，右键点击并选择"添加"→"测试"，如图 15.8 所示。

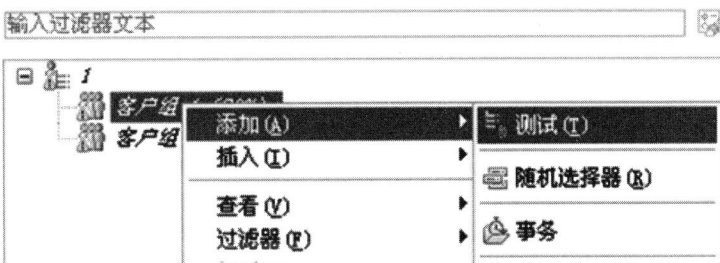

图15.8　为用户组添加测试

（16）在选择性能测试对话框中，选择当前项目下的测试"testindex"，点击"确定"。

图15.9　　选择测试脚本

（17）客户组 1 下，出现了测试"testindex"。同样，为"客户组 2"添加测试"testindex"，结果如图 15.10 所示。

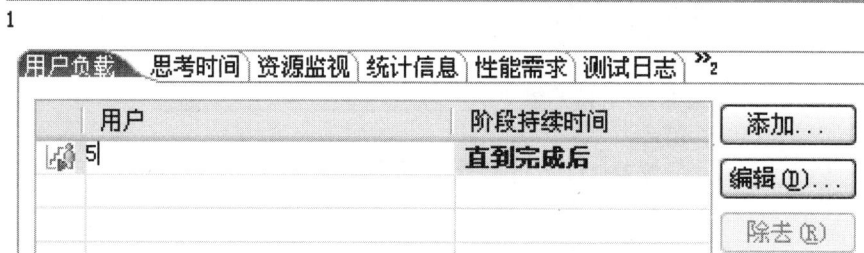

图15.10　　用户组任务分配的结果

（18）为"1"设置启动用户数量。点击"1"，在调度元素详细信息区域的"用户负载"选项中的用户数量域输入"5"，如图 15.11 所示。

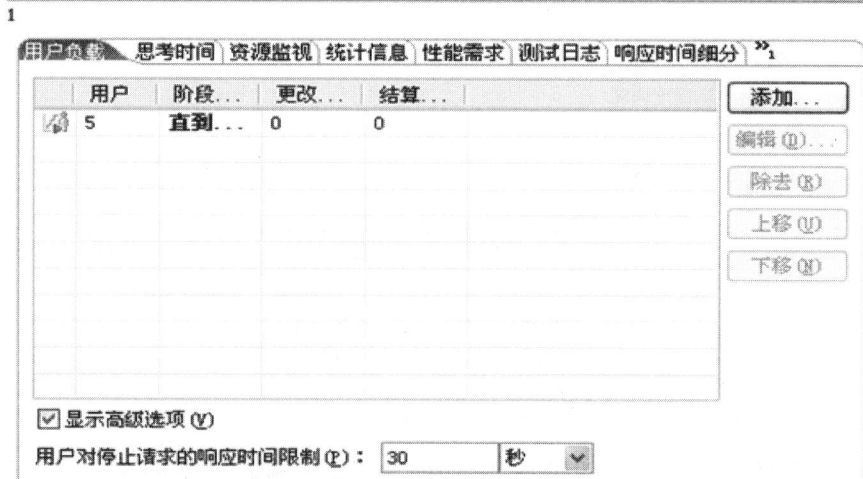

图15.11　　设置模拟用户数量

（19）运行"调度"1。右键点击测试导航器中的"1"，选择"运行方式"→"1 性能调度"，如图 15.12 所示。

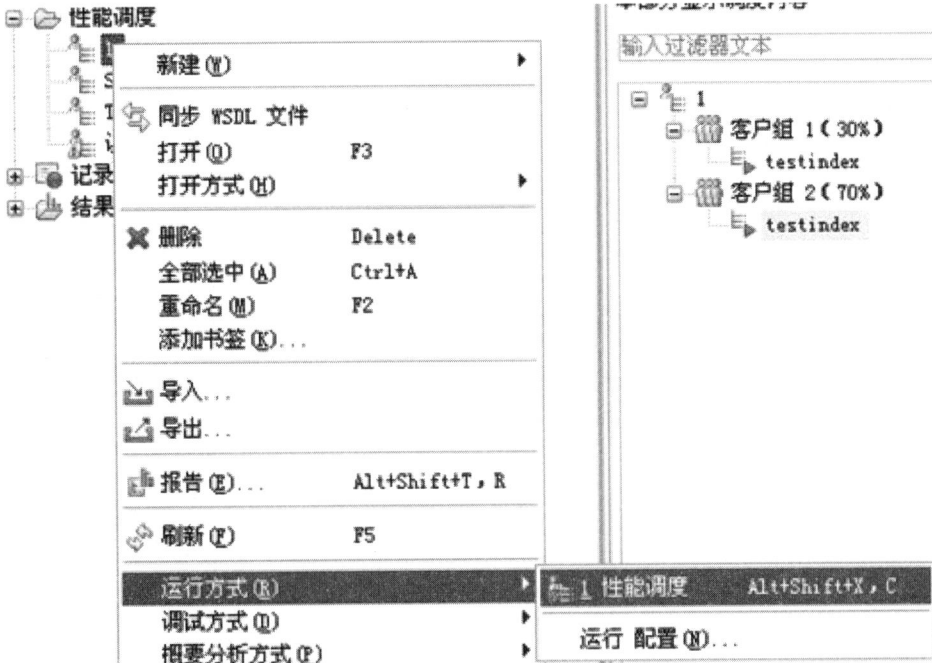

图15.12　运行调度

（20）运行调度一段时间后测试完成，打开测试日志。在"摘要"日志页面，可以看到已完成的"用户总数"为"5"，关闭日志。

运行概要

已执行的测试	1
活动用户	0
已完成的用户数	5
用户总数	5
耗用时间 [H:M:S]	0:00:44
运行状态	完成
显示计算机的结果：	所有主机

图15.13　调度运行结果